Idea man

Idea man

一看就懂！從圖解・事例學行銷

図解&事例で学ぶマーケティングの教科書

酒井光雄——監修
Sherpa——著　　簡琪婷——譯

SWOT分析
從基本理論↓實戰應用
SERVQUAL模式
4P・4C
VIRAL MARKETING
AIDMA模式
B2B・B2C

前言

行銷為不可或缺的商業技能

本書以行銷初學者入門書為定位，因此編寫的方式，力求淺顯易懂，進而學會行銷的基礎知識。對於望著書店裡琳瑯滿目的行銷書籍，不知該選哪一本的人來說，想必本書是最適合的「入門書」首選。

身為商務人士，應該經常聽到「行銷」二字。會拿起本書翻閱的人，實際從事行銷相關工作的應不在少數吧。對於所有商務人士而言，行銷已成為當今不可或缺的知識，就算不在行銷部門工作的人，在現今這個時代，依然得具備行銷的概念與基礎知識。

凡是成功開創時代的企業，往往視行銷為不可或缺的商業技能，然而，部分日本企業卻把行銷當成市場調查、廣告或促銷活動等狹隘的概念來認知，實在令人遺憾。針對「何謂行銷」的問題，不知該如何回答的人比比皆是，而個中原因，正是這個狹隘的概念使然。為了理解行銷的概念及原本角色，希望大家務必閱讀本書。

為了讓頭一次接觸行銷的人，甚至忙碌的商務人士，都能輕鬆投入學習，書中特別備有豐富的圖解。讀完右頁的內文後，只要再看一下左頁的圖解，便能輕易理解，有系統地獲取知識。

此外，書中還大量列舉國內外企業的案例，說明他們如何將行銷理論活用於實務上，以及如何提升業績。只要透過這些知名企業，或是生活中不可或缺的商品學習行銷，便可以從切身的觀點掌握到實施的方法。

本書的章節架構如下：

- 第一章……何謂行銷？
- 第二章……「市場分析」與「公司自我分析」
- 第三章……行銷的基本策略
- 第四章……開發新商品・新服務的行銷操作
- 第五章……販賣現有商品的行銷操作
- 第六章……品牌策略的行銷操作
- 第七章……網路行銷的基礎知識

首先在第一章中，將以行銷就是「為了執行某件事而存在，能期待什麼樣的效果」為前提，開始談起。

在第二章中，將說明如何分析自家公司現狀與所在市場。透過本章，可確切掌握自家公司需要什麼樣的行銷策略。

從第三章起，將具體解說各式各樣的行銷理論，同時列舉屬於前提條件的基本行銷策略。理解基本策略後，接著將針對第四章的「新商品或新服務」、第五章的「現有商品」，進一步理解必要的知識和技術。

在第六章中，將探討行銷3.0時代不可或缺的品牌策略。本章與第七章的網路行銷，同為現代行銷的必修科目。

行銷的歷史開啟於一九〇〇年前後，本書的內容，涵蓋萌芽期倡導的理論、隨著行銷發展而形成的普遍性理論，以及開創新時代的最新理論，範圍十分廣泛。為了全力操作商業行銷而必備的基礎知識，大家都可利用本書全盤學習。

只要學會基礎知識，就算是提倡最新行銷理論的工具書，也能毫無窒礙地進行閱讀。如果各位因本書而對行銷產生興趣，將是本人最大的榮幸。

第1章 何謂行銷？

第2章 「市場分析」與「公司自我分析」

第3章 行銷的基本策略

第4章 開發新商品．新服務的行銷操作

第6章 品牌策略的行銷操作

第7章 網路行銷的基礎知識

第 1 章

何謂行銷？

1-01 為什麼需要行銷？

隨著時代變遷，行銷扮演的角色也日益廣泛

▼企業或組織為了永續貢獻社會，行銷不可或缺

「為什麼要行銷？」針對這個問題，如果是你，會怎麼回答呢？或許多數人的答案是：「為了銷售商品或服務。」雖然這個答案部分答對，但卻不是行銷的全貌。

行銷理論隨著時代變遷，扮演的角色也日益廣泛。舉例而言，企業追求成長，人才的力量絕不可或缺。為了吸引優秀的人才，就得提升企業魅力，讓人萌生「想在這間公司工作」的念頭。

透過行銷提升企業魅力，除了吸引人才外，還兼具各式各樣的效果。例如進行募資時，當然需要行銷吧？凡是不重視行銷的企業或組織，肯定無未來可言。

針對本節一開頭的問題，如果答得簡單一點，正確答案應該是**「企業或組織為了永續貢獻社會」**。

為什麼要行銷？

實施行銷的企業	未實施行銷的企業
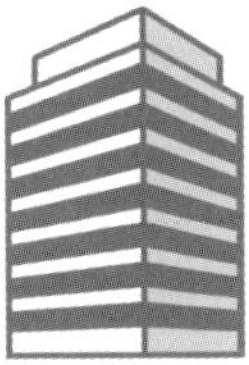	
・集結資金 ・集結優秀人才 ・業績良好	・無法獲得投資者的資金 ・無法吸引優秀人才加入 ・業績惡化

企業因實施行銷，
而能永續貢獻社會！

●多元行銷對象

商品	服務	資訊	體驗
包含生活用品或工業品在內的一切製品。	提供滿足或效用等的所有服務。	經由網路或雜誌等取得的資訊。	樂園或電影院等，具代表性的各種休閒經驗。

1-02 創造市場與顧客

讓向來的銷售活動變成毫無必要的行銷

與銷售截然不同的科學

行銷與銷售活動常被混為一談，其實兩者截然不同。著名的管理學大師彼得・杜拉克（Peter Ferdinand Drucker）就曾說過：**「行銷就是讓銷售變成毫無必要的技術。」**

行銷啟動於創造出商品或服務之前，光是這一點，就與販賣既有商品的銷售活動完全不同。近代行銷學始祖菲利普・科特勒（Philip Kotler）也說過：**「所謂行銷，並不是為了尋找出清產品的方法，而是力求創造真正顧客價值的技術。」**先提出假設，再調查消費者的欲望或心願，最後創造出前所未有的商品或服務。畢竟所創造的一切，都是迎合顧客所求，就算不主動推銷，也會有人上門求售吧。此外，透過行銷，也有可能開發出顧客尚未察覺的需求。換句話說，行銷能開創全新的市場和顧客。

被明確劃分的
銷售活動和行銷活動

銷售活動

既有商品

進行

銷售活動

- 四處拜訪推銷
- 試駕會
- 新春特價拍賣
- 店內叫賣
- 贈品活動

行銷活動

提出假設 → 分析 市場 顧客 → 開發 新商品 新服務 → 創造 新市場 新客源

**創造全新價值，
打造出長期深受喜愛的商品或企業，
就是行銷！**

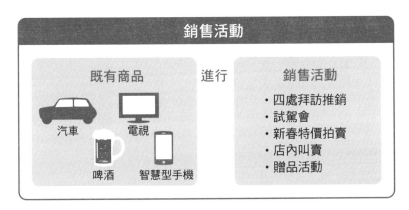

1-03 行銷理論的主要提倡者

頂尖大師為菲利普・科特勒

▼建立充滿前瞻性的多項理論

如果提到行銷理論的頂尖大師，那就是前文已出現過的菲利普・科特勒。科特勒曾於美國西北大學凱洛管理學院（Northwestern University／Kellogg School of Management）擔任國際行銷教授一職，同時也當過ＩＢＭ等跨國大型企業的行銷顧問，十分活躍。

他的著作《行銷學原理》（*Principles of Marketing*）及《行銷管理》（*Marketing Management*），被翻譯成二十國的語言發行，為全球商務人士的必讀寶典。雖然商業書籍的內容常因社會情勢或經濟環境的變遷趨於陳腐，**但科特勒的著作卻適用於任何時代**。此外，他還具有卓越的前瞻性，積極提倡迎合新時代的行銷理論，例如「行銷3.0」等。在他的眾多著作中，盡是值得初學者到行銷專家不斷反覆閱讀的見解。

除了科特勒以外，附表所列提倡者的理論或手法，全屬於行銷的基石。

主要的行銷理論．手法及其提倡者

1898年	AIDA（P44）……艾里亞斯．路易斯（Elias St. Elmo Lewis）
1924年	AIDMA（P46）……山姆．羅蘭．霍爾（Samuel Roland Hall）
1950年	產品生命週期（P68）……喬爾．迪恩（Joel Dean）
1956年	產品差異化．市場細分化（P76）……溫德爾．史密斯（Wendell Smith）
1960年	4P、目標市場行銷（P30、P80）……E．傑羅姆．麥卡錫（Edmund Jerome McCarthy）
1961年	直接行銷（P160）……萊斯特．偉門（Lester Wunderman）
	USP（P98）……羅塞．里維斯（Rosser Reeves）
	DAGMAR理論（P96）……R．H．科利（Russell.H.Colley）
1969年	霍華德—謝思模式（P88）……約翰．霍華德（John Howard）、杰格迪什．謝斯（Jagdish Sheth）
1970年代	產品組合（P62）……波士頓諮詢顧問公司（BCG）
1977年	顧客滿意度（P90）……亨特．基思（Hunt H. Keith）
1980年代	市場定位（P82）……傑克．特魯特（Jack Trout）、阿爾．里斯（Al Ries）
1981年 1983年	期望失驗模式（P90）……理查德．L．奧利佛（Richard L.Oliver）
1988年	SERVQUAL模式（P146）……帕拉休拉曼（A.Parasuraman）等
1991年	品牌權益（P186）……大衛．艾克（David A. Aaker）
1993年	一對一行銷（P162）……唐．佩珀斯（Don Peppers）、馬莎．羅傑斯（Martha Rogers）
1996年	病毒式行銷（P222）……史帝夫．賈維森（Steve Jurvetson）
1997年	創新者的窘境（P114）……克萊頓．克理斯坦森（Clayton M. Christensen）
1998年	CRM（P166）……安盛顧問公司（Andersen Consulting）
2001年	蜂鳴行銷（P224）……芮妮．戴（Renee Dye）
2003年	品牌共鳴金字塔（P190）……凱文．萊恩．凱勒（Kevin Lane Keller）
	水平行銷（P122）……菲利普．科特勒（Philip Kotler）
2005年	品牌組合策略（P202）……大衛．艾克（David A. Aaker）
2010年	O2O行銷模式（P244）……阿歷克斯．蘭佩爾（Alex Rampell）
2011年	遊戲化（P128）……高德納顧問公司（Gartner, Inc）

1-04 行銷會進化

消費者的意識與價值觀會隨著時代改變

由商品本位，切換為消費者（顧客）本位

行銷的研究始於一九〇〇年代初期。以商品為思考核心的「大眾行銷」（mass marketing）概念，由美國擴展到全世界。所謂大眾行銷，即為大量生產生活中的必需品，然後透過大眾媒體或公共運輸廣告知會消費者，促使消費者購買的行銷手法。科特勒將大眾行銷的時代，定義為「行銷1.0」。

到了一九九〇年代，以商品為思考核心的大眾行銷式微，漸漸進化成「以消費者（顧客）為思考核心的行銷」。換句話說，消費者購買使用企業推薦商品的時代已告一段落，轉而邁入消費者自行選用商品或服務的時代。此後，**企業不只開發符合消費者欲望或需求的商品，連這些商品的銷售或服務方式，都變得十分講究**。相較於以多數人為對象的行銷1.0時代，這個時代不僅市場被細分化，網路也被活用於廣告或促銷上，正式進入了科特勒所說的「行銷2.0」時代。

行銷的進化過程

行銷1.0時代

以商品為思考核心的行銷

・提供規格化的大量生產品！

・以需要商品的多數人為對象，對大企業較為有利！

・廣告或促銷以大眾媒體和公共運輸廣告為主！

↓ 進化！

行銷2.0時代

以消費者（顧客）為思考核心的行銷

・提供符合消費者欲望或需求的商品・服務！

・市場被細分化，在各個市場中保有優勢的商品人氣一流！

・網路被活用於廣告或促銷中！

↓ 進化！

行銷3.0時代

邁入行銷3.0時代

不久後行銷更加進化，現今已邁入科特勒所提倡的「行銷3.0」時代。所謂行銷3.0，就是「以價值為導向的行銷」。個中的成因，在於人們對於生活的意識與價值觀產生變化。近年來，由於網路的普及與社交媒體的出現，人們得以輕易分享具有價值的商品或服務資訊。**企業操控消費者的時代，已成為過去式**。

如果沒優先考慮對消費者而言的價值，想必這樣的商品或服務，根本無法被消費者接受。畢竟只是單純供應優質商品，很難充分滿足消費者追求的價值。掌握個中關鍵者，則是**現今人們具備的「協同意向」、「文化意向」、「精神重視」三大傾向**。換句話說，讓顧客自行參與行銷（協同意向）、以立基於文化的活動提升自家公司的存在意義（文化意向）、同時滿足消費者在物質與精神層面上的需求（精神重視），像這樣企業透過商品或服務，打造更美好的社會，正是當今消費者內心渴求的企業態度。

針對協同意向、文化意向、精神重視三大傾向所提出的概念為「協同行銷」、「文化行銷」、「精神行銷」，而融合三者的概念，即稱為行銷3.0。

現今已邁入行銷3.0

所謂行銷3.0……「協同行銷」、「文化行銷」、「精神行銷」三者合一。

構成行銷3.0的要素

協同行銷

部落格、推特、臉書等社交媒體出現，個人向社會發布訊息，或是互相溝通交流的動作，變得十分熱絡。正視個人透過社交媒體牽扯各種事物的現況，讓消費者一起參與行銷活動的企業與日俱增。

文化行銷

關切環境問題、地區社會相關問題的族群漸增。同時，重視地方傳統文化或在地性的人數也與日俱增。在這樣的大環境下，出現不少積極推動全球化的企業或厭惡精品的人。對國家地區的社會奉獻或深耕地方的活動，為行銷操作的訴求重點。

精神行銷

人類執行工作的方式，隨著時代變遷，先進國家中投入新創事業的人數與日俱增。在這樣的趨勢下，消費者不再只求物質層面的滿足，而是渴望精神層面也能獲得滿足。基於此故，行銷活動的內容，也得具備以人心為訴求的元素。

1-05

屬於行銷前提的4P

深入探討產品・價格・通路・促銷

▼行銷手法分類

行銷由各種手法構成。有個將各式各樣的手法加以分類的方法，就是「4P」概念。行銷上的4P，即為「產品」（Product）、「價格」（Price）、「通路」（Place）、「促銷」（Promotion）。由於各項英文字首皆為P，因此稱為4P。

在此為大家簡單歸納各項扮演的角色。挖掘消費者的潛在欲望或心願，進而開發產品，即為「Product」；為這項產品標定能被市場接受的價格，就是「Price」；把訂好價格的產品，透過適當通路（銷售管道、物流配送或銷售場所），送到消費者手中，即為「Place」；藉由銷售推廣等，讓消費者得知產品的存在，即為「Promotion」。由此可見，4P為行銷過程中，絕不可或缺的要素。

或許有人認為4P為過時的概念，**然而以消費者為思考核心時，這個概念仔細考慮了各種要素，因此至今仍為行銷的思考前提。**

探討以消費者為思考核心的4個P

消費者

產品（Product）

包括品質、機能、效能、技術、品牌、設計、服務、核心競爭力※1等。

價格（Price）

包括售價、批發價、建議售價、折扣價、付款條件、票期條件等。

通路（Place）

包括銷售管道、物流配送、鋪貨範圍、備貨、庫存、交貨天數、零售業態、零售地點等。

促銷（Promotion）

包括面對面銷售等真人銷售、運用大眾媒體的廣告、SNS※2等資訊內容、促銷活動、公關活動等。

（※1）讓顧客獲益的技術・技能・知識等。
（※2）社群網站英文social network services的縮寫，代表範例為臉書及推特。

1-06 由4P進化而成的4C

秉持顧客觀點的行銷理論

▼由企業觀點，切換為顧客觀點

4P為提倡於一九六一年的概念，當中的觀點，明顯偏向企業端與賣方。如同第二十六頁文中所述，隨著時代的進步，光憑企業端與賣方的理論，已難以展開有效的行銷。基於此故，到了一九九〇年，**除了企業端與賣方觀點外，另外出現了秉持顧客觀點的新概念**，而這個概念就是4C。

4C的構成要素有四，就是對顧客而言的價值（Consumer Value）、顧客付出的成本（Cost）、對顧客而言的便利性（Convenience）、與顧客的溝通交流（Communication），每個要素都以顧客的思維為核心。

4P及4C的構成要素，可各自由企業觀點切換為顧客觀點如下：「產品」↓「對顧客而言的價值」、「價格」↓「顧客付出的成本」、「通路」↓「對顧客而言的便利性」、「促銷」↓「與顧客的溝通交流」。

由企業觀點的4P，切換為顧客觀點的4C

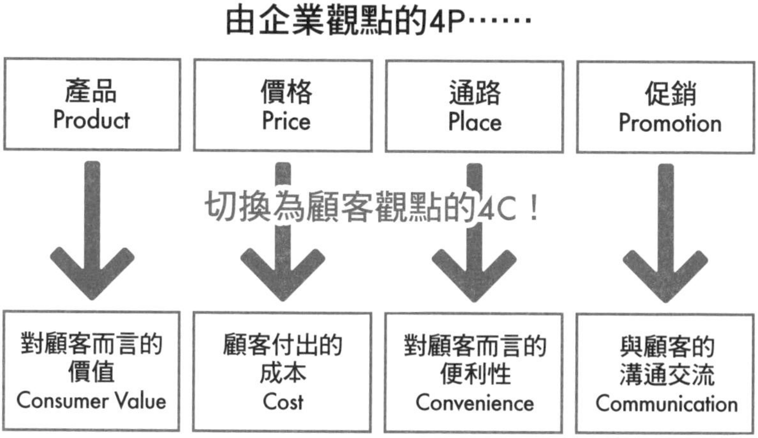
由企業觀點的4P……
產品
Product
價格
Price
通路
Place
促銷
Promotion
切換為顧客觀點的4C！
對顧客而言的
價值
Consumer Value
顧客付出的
成本
Cost
對顧客而言的
便利性
Convenience
與顧客的
溝通交流
Communication

熟思4C，將能創造出
符合顧客思維的商品或服務

對顧客而言的價值

對顧客而言，購買該項商品或服務有何價值？

顧客付出的成本

所提供的商品或服務，能否讓顧客省時省錢，或是降低．避免風險？

對顧客而言的便利性

顧客購買商品或服務的地點，舉凡營業日、營業時間、訂購方式等是否相當方便？

與顧客的溝通交流

將商品或服務訊息告知顧客的方式，以及顧客洽詢的因應，應該如何規劃？

1-07

嘗試組合4C與4P

利用行銷組合提高成效

▼先探討顧客觀點，再加入自家公司的強項

第三十頁介紹的４Ｐ，原本是行銷組合（marketing mix）的構成要素之一。所謂行銷組合，**就是組合行銷的種種要素**。透過組合產品、價格、通路、促銷，將可增加行銷的深度，讓行銷更見成效。

然而，由４Ｐ著手的行銷，往往滿腦子優先考慮自家公司的狀況。基於此故，另有一種操作方式，就是先探討秉持顧客觀點的４Ｃ，隨後再加入活用了自家強項等的４Ｐ，一併探討。

探討行銷時，只要心繫4P和4C，應能規劃出更加細膩周全的內容。不過，以行銷組合進行探討的要素，可不只４Ｐ和４Ｃ。幾年後，又有新的要素被加入４Ｐ，優秀的行銷人員便連同這些新要素，組合各式各樣的構想，擬定行銷計畫。

行銷組合的步驟範例

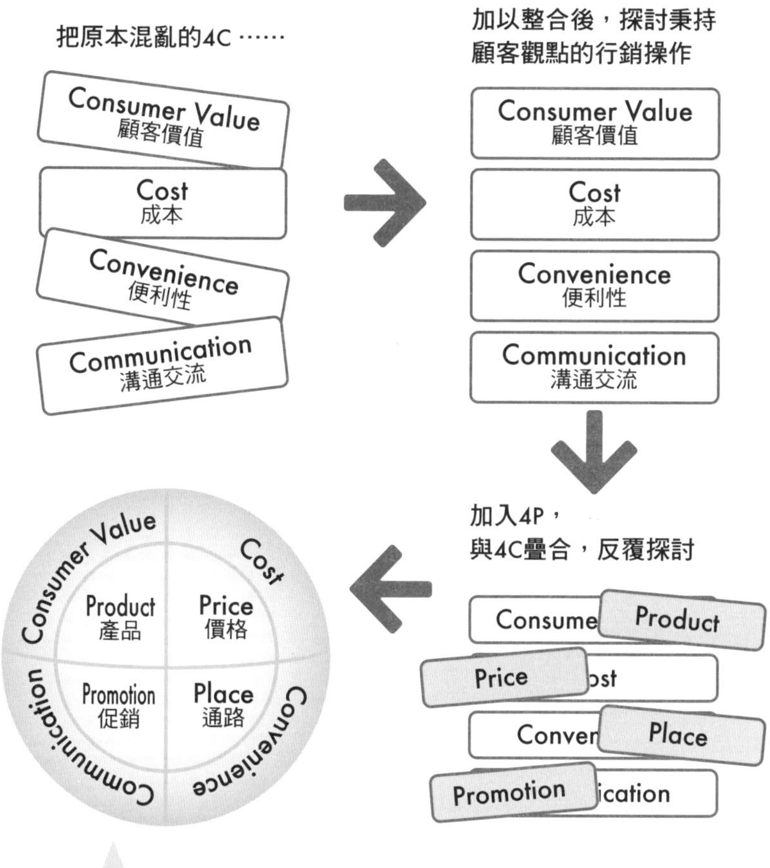

完成於顧客觀點的4C中，加入自家強項的行銷操作。

column

行銷專業書籍
精準掌握著時代潮流

為了因應商業環境的變遷，行銷操作的新理論或新手法陸續問世。打算重新學習行銷時，卻發現之前已經買了許多專業書籍，想必這樣的人不在少數。可是，一想到他們今天頭一次拿起《行銷3.0：與消費者心靈共鳴》（*Marketing 3.0: From Products to Customers to the Human Spirit*）的情景，我有種恍如隔世的感覺。

即使同為科特勒的著作，現在三十多歲的人閱讀的頭一本行銷專業書籍，或許是《行銷學》（*Marketing: An Introduction*）；至於更年長的世代，有些人的行銷入門書，則可能是出了多種版本的《行銷管理》。

不只是科特勒的著作，凡是廣受好評的行銷專業書籍，都精準掌握著不同時代的商業趨勢。

雖然鑽研最新的行銷理論也無妨，不過如果能從行銷概念萌芽期的專業書籍依序翻閱，將能一覽行銷的發展歷程，以及下個世代不可或缺的行銷為何。

第2章

「市場分析」與「公司自我分析」

2-01 行銷必做市場分析

得以開創新市場

▼市場種類多元存在

行銷能創造因應顧客欲望或需求的商品，基於此故，必須充分理解市場。

行銷所指的市場，是由商品或服務的買賣雙方集結而成。雖然統稱為市場，但規模大小或切入點卻相當多元。舉例而言，IT（資訊科技管理）市場的涵蓋範圍極廣，但細分之後則有個人雲端市場等；銀髮族市場和輔具用品市場屬於重疊領域，但各以不同的切入點形成市場。由此可見，市場的分類可謂毫無極限。

此外，除了既有市場外，**有時還可透過行銷，開創新的市場**。像這樣預測市場趨勢、現狀及未來，分析自家公司在各個市場中的優勢為何，今後能貢獻什麼價值，正是行銷的第一步。

行銷所指的市場定義

何謂市場？

商品或服務（賣方） ＋ 顧客（買方）

商品或服務的買賣雙方集結形成的就是市場。

市場中存在市場

IT市場

個人雲端市場

存在細分化的市場。

重疊市場

高齡者市場

健康食品市場

職業婦女市場

健康食品市場與高齡者市場、職業婦女市場重疊。

開創新的市場

既有市場
PC市場

→

新的價值
可直接操作觸控面板

→

新的市場
平板電腦市場誕生

為既有商品附加新的價值，藉此開創新的市場。

2-02 也有企業間的交易市場

B2C市場與B2B市場，各自特徵為何？

任何市場都少不了行銷

一提到市場，或許多數人的刻板印象為企業把商品或服務賣給消費者的場所。其實，我們在日常生活中常常忽略一件事，那就是企業之間也存在交易市場，而且它的規模遠大於消費者市場。

企業和消費者之間的交易市場，稱為「B2C市場」。另一方面，企業之間的交易市場，則稱為「B2B市場」。

B2C市場的策略以開發新客源、促使消費者持續光顧為主。由於對象為廣大的群眾，因此得耗費不少時間和費用，才能確實掌握顧客人數或規模，促使他們持續光顧。相較於此，B2B市場的特徵則為**得以明確鎖定顧客，而且交易容易延續**，例如中小型零件製造商供應零件給汽車製造商，就屬於這樣的狀況。

無論什麼市場，行銷的重要性皆無庸置疑。

B2C市場的特徵

主角是企業和消費者

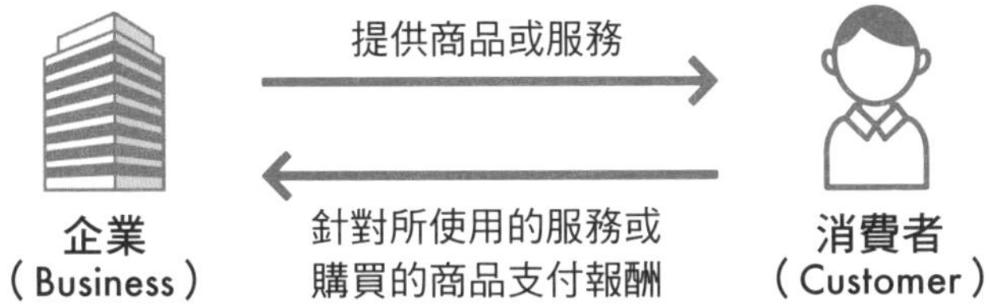
提供商品或服務
針對所使用的服務或
購買的商品支付報酬
企業
（Business）
消費者
（Customer）

企業以視同顧客的眾多消費者為對象。

B2C市場的基本策略

營業策略

- 開發新客源
- 吸引回購客

※原則以力圖增加來客數的營業活動為主。

市場主要特徵

- 顧客人數眾多
- 企業向消費者收取費用
- 培養基本客群得耗費時間和費用

行銷策略

- 大眾行銷
- 品牌行銷

※二十世紀以促進大量生產、大量消費的策略為主。

追求多銷為企業的基本策略。

B2B市場中存在許多世界頂尖的中小企業

長年以來，日本中小企業的生產製造蓬勃發展，他們活躍的領域多半為Ｂ２Ｂ市場，當中市占率稱霸全球的日本企業，更是多不可數。除了有汽車及家電等大型Ｂ２Ｂ市場外，企業間夾縫求生型的交易也相當熱絡，商業往來型態可謂五花八門。

例如，針對理髮廳或美容院販賣業務用品、為工廠提供廠內機器的維修服務等，每個業種皆有各自的市場，這樣的說法應該不誇張。**當中也有刻意鎖定大企業尚未進軍的市場，結果獲得極高市占率的企業。**舉例而言，專門收購歇業商家的廚房機材或用品，然後賣給新店開張的人……開發出這種市場的Tenpos Busters（一九九七年成立的日本公司），截至二〇一四年為止，日本全國的分店數已達四十六家。

此外，將事業重心由Ｂ２Ｃ市場轉為Ｂ２Ｂ市場的企業也不少。美國的奇異公司（General Electric Company，簡稱ＧＥ，一八七九年成立於美國波士頓的大型企業），過去就曾裁廢績效不佳的一般消費者事業部，轉而投入Ｂ２Ｂ事業的經營，結果成功讓企業起死回生。日本的松下電器（Panasonic，日本最大電機製造商）也由主打電漿電視的Ｂ２Ｃ市場，轉向經營汽車、航空、醫療領域等Ｂ２Ｂ市場。由此可見，如果以日本企業為對象談論行銷，絕不能把Ｂ２Ｂ市場排除在外。

B2B市場的特徵

企業之間的交易

提供自家獨賣的輪胎 →

← 支付輪胎費用

輪胎製造商
（Business）

汽車製造商
（Business）

B2B市場為特定企業之間的交易市場。

B2B市場的基本策略

市場主要特徵

- 有特定顧客
- 向企業收取費用
- 賣方也有不少屬於中小企業
- 促銷費或廣告費不如B2C龐大

賣方企業的基本策略

- 開發因應特定需求的高超技術
- 開發得以推銷自家技術的客戶
- 擁有穩定的營收

將特定技術賣給特定企業為主要策略。

●還有B2C、B2B以外的市場

B2G市場

企業把商品或服務賣給政府．地方自治機關等的市場。

C2C市場

消費者之間直接聯繫交易商品或服務的市場。

2-03 掌握消費者的購買行為

頭一個被模式化的AIDA

無論哪個市場的商品或服務，只要買方不知道商品的存在，或是無意購買，當然賣不出去。基於此故，**分析消費者於購買商品或服務之前的心路歷程，探討促使他們掏錢購買的對策**，有絕對的必要性。

▼依序進行四個階段

率先將消費者的心路歷程模式化的是「AIDA」概念。所謂AIDA，就是由以下四個階段的英文字首組成：吸引顧客目光（attention）、向顧客推銷商品，激發顧客興趣・關注（interest）、讓顧客渴望擁有商品（desire）、讓顧客掏錢購買（action）。

如果沒有歷經吸引顧客目光、讓顧客對商品產生興趣的過程，應該難以讓顧客渴望擁有商品，進而實際掏錢購買商品吧。因此，**依序進行消費者心路歷程的四個階段**，實屬必要。

AIDA模式

AIDA的概念

Attention 吸引目光	Interest 興趣	Desire 欲望	Action 購買
被店面或電視廣告中的商品吸引目光的階段。	對於吸引目光的商品抱持興趣・關注的階段。	對於抱持興趣的商品，產生購買欲望的階段。	針對產生購買欲望的商品，實際掏錢購買的階段。

消費者購買行為模式尚未出現的時代

↓

企業忽略購買行為模式，逕自推銷商品

↓

結果無法激發消費者的購買意願

AIDA模式問世

↓

迎合購買行為模式，計畫性地推銷商品

↓

激發消費者購買意願的機率增加

2-04

擬定讓消費者記憶深刻的策略

具有三個情感階段的AIDMA

▼購買高價商品時，記憶尤其重要

AIDA的進階版中，有種「AIDMA」概念。AIDA的D和A之間，多了英文字母M，而M就是memory，代表顧客的記憶。顧客不假思索地決定購買低價商品時，記憶並不怎麼重要，不過當顧客對於購買高價商品考慮再三時，這個M將十分受用。

以購買汽車為例，消費者先看到電視廣告（attention），由於廣告被播放好幾次，於是漸漸抱持興趣或關注（interest），進而對廣告中的汽車產生渴望擁有的欲望（desire）。反覆觀看電視廣告後，內心產生的欲望將留在記憶中（memory），就算欲望產生的當下沒有立刻決定購買，仍會憑記憶反覆評估思考，終究還是會掏錢購買（action）。**在AIDMA的五個階段中，interest、desire、memory三者被歸類為「情感階段」，掌握著消費者購買與否的關鍵。**

AIDMA模式

Attention吸引目光　被電視廣告中的廂型車吸引目光。

↓

Interest興趣　感覺很適合買來載全家出遊而抱持興趣。

↓

Desire欲望　由於今年夏天打算開車去海邊玩，因此想擁有這輛車。

↓

Memory記憶
針對被電視廣告等吸引，進而產生興趣，並心生購買欲望的商品牢牢記住的階段。

為了到汽車賣場時能找到目標車款，因此熟記電視廣告中的車種和廠牌。

↓

Action購買　於汽車賣場購買目標商品。

決定購買與否的三個情感階段

Interest 興趣 ＋ Desire 欲望 ＋ Memory 記憶 ＝ **決定購買！**

「I」、「D」、「M」三個階段掌握購買與否的關鍵。

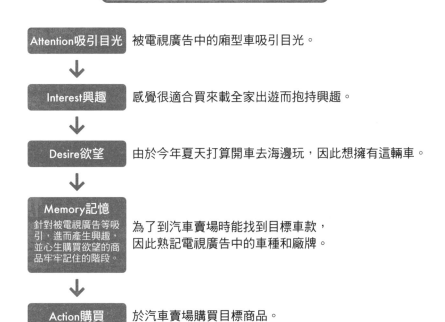

2-05 分析網路時代的消費行為

追加「搜尋」和「分享」的AISAS

現代消費行為的特徵為何？

在網路問世之前，AIDMA被活用了很長一段時間，直到二〇〇四年，另外出現了加入新概念的「AISAS」。AISAS為電通（當今日本及世界最大廣告公司）提倡的概念，由以下五個階段的英文字首組成：吸引目光（attention）、興趣・關注（interest）、搜尋（search）、購買（action）、資訊分享（share）。換句話說，AIDMA的desire和memory就此消失，取而代之的是search。此外，action之後新增share，也是有別於AIDMA的特徵。此二者同為切合網路時代的要素。

購買商品前，先以電腦或智慧型手機搜尋資訊；購買商品後，則於社群網站或部落格貼文發表感想，或是上傳商品試用的照片，與包含朋友在內的多數人分享心得。出現於無網路時代的AIDMA，難以解釋這類網路時代特有的行為，但透過AIDMA，便能清楚說明消費者的全新消費行為。

AISAS模式

Attention	Interest	Search	Action	Share
吸引目光	興趣	搜尋	購買	分享
		上網搜尋商品資訊。		上網分享商品感想或試用狀況。

新增「搜尋」和「分享」，「欲望」就此消失的消費模式。

AIDA、AIDMA、AISAS的差別

●AIDA 頭一個將消費行為概念化的模式

Attention	Interest	Desire	Action
吸引目光	興趣	欲望	購買

●AIDMA 日本極為普遍的消費行為模式

Attention	Interest	Desire	Memory	Action
吸引目光	興趣	欲望	記憶	購買

●AISAS 二〇〇四年以後問世的網路時代模式

Attention	Interest	Search	Action	Share
吸引目光	興趣	搜尋	購買	分享

AIDMA難以解釋網路時代特有的消費行為。
但AISAS問世後，全新的消費行為變得十分明確。

2-06

新商品滲透市場的過程

將消費者分為五類的創新理論

▼追求新商品的人與排斥新商品的人

每天都有大量商品上市銷售，不過消費者對於新服務或新商品的接受狀況，則出現種種傾向。**有些人很樂於馬上試用，相對於此，也有些人遲遲難以接受。換句話說，消費者對於新商品或新服務的反應因人而異。**行銷上有種區分這類客層差異的思維，就是「創新理論」（innovations theory），共分為以下五類：

①創新者（innovators）……新商品一出現，便搶頭香購買的人。

②早期採用者（early adopters）……對流行趨勢十分敏銳的人，掌握市場擴大與商品普及化的關鍵。

③早期追隨者（early majority）……平均來說，比一般人早一步購買，容易受到②的影響。

④晚期追隨者（late majority）……多數人購買後才跟進。

⑤落後者（laggards）……觀念保守，不清楚世上的趨勢潮流，幾乎不買新商品。

如左圖一般，只要跨越②和③之間的鴻溝（chasm），便能滲透市場。

創新理論和鴻溝

創新理論

①innovators……創新者，對全體占比2.5%
②early adopters……早期採用者，對全體占比13.5%
③early majority……早期追隨者，對全體占比34%
④late majority……晚期追隨者，對全體占比34%
⑤laggards……落後者，對全體占比16%

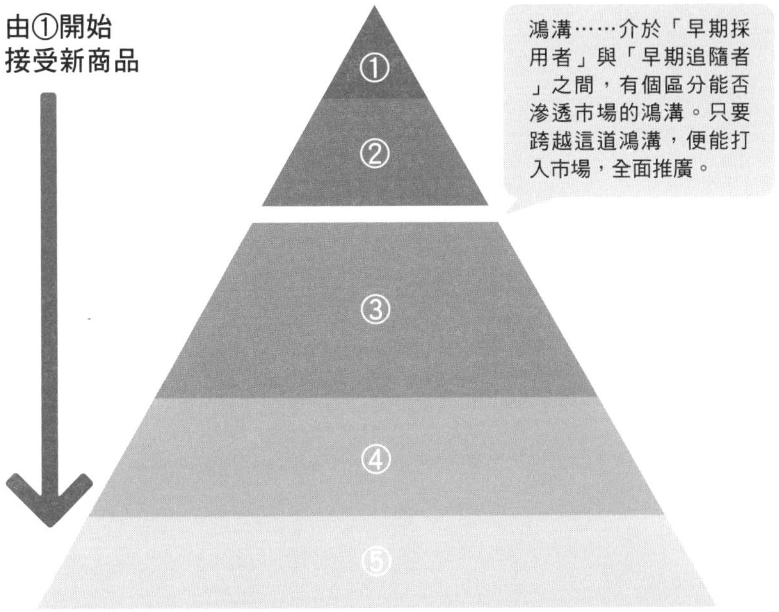
由①開始
接受新商品
①
②
③
④
⑤
鴻溝……介於「早期採用者」與「早期追隨者」之間，有個區分能否滲透市場的鴻溝。只要跨越這道鴻溝，便能打入市場，全面推廣。

2-07 從顧客・競爭者・自家公司進行市場分析

掌握自家公司處境的3C分析

▼從三個視角進行分析

分析市場時，必須釐清自家公司處境，而方法之一，即為「3C分析」。之所以稱為「3C」，是取自於顧客（customer）、競爭者（competitor）、自家公司（company）三者的英文字首。這三個C，可各自由下述視角進行分析：

①顧客分析……一邊參考年齡、性別、所得等具代表性的資訊，一邊分析購買頻率、購買場所、使用場合等。

②競爭者分析……某企業經銷的商品，與自家商品或服務互為競爭關係時，必須針對該企業的現狀及今後的動向進行分析。此外，對於潛在的競爭企業，也要加以分析。

③自家公司分析……由自家公司的技術力、商品力等公司內部資源，以及市占率、知名度等市場地位兩大方向，分析公司的優劣勢。

藉由分析・掌握以上重點，企業本身該如何出招對付顧客和競爭者，將變得十分明確清晰。

市場調查的基本3C分析

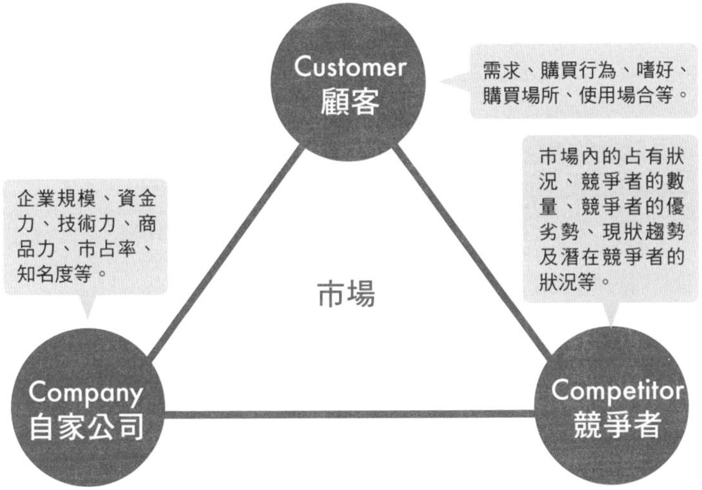
Customer
顧客
需求、購買行為、嗜好、
購買場所、使用場合等。
市場內的占有狀
況、競爭者的數
量、競爭者的優
劣勢、現狀趨勢
及潛在競爭者的
狀況等。
企業規模、資金
力、技術力、商
品力、市占率、
知名度等。
市場
Company
自家公司
Competitor
競爭者

顧客分析	根據年齡、性別、所得等資訊，分析購買頻率、購買場所、使用場合等，藉此讓消費客層更加明確化。
競爭者分析	某企業經銷的商品，與自家商品或服務互為競爭關係時，必須針對該企業的現狀或動向進行分析。此外，對於潛在的競爭企業，也要加以分析。
自家公司分析	由自家公司的技術力、商品力等公司內部資源，以及市占率等市場地位，分析公司的優劣勢。

透過3C分析，企業本身該如何出招，將變得十分明確清晰。

2-08 市場上容易忽略的勁敵為何？

利用5F分析突顯自家公司承受的壓力

也得關注「替代品」和「賣方」

雖然3C分析已針對顧客或競爭者進行分析，但市場上還有其他應該分析的對象。「5F分析」的著眼點，就是以下五種環繞自家公司四周的壓力（five forces＝5F）：

①現有競爭者……於相同業界提供商品・服務的競爭者。
②潛在競爭者……即將進軍相同業界的競爭者。
③替代品……比自家公司提供的商品更具魅力的商品。
④買方……打算把自家商品換成其他公司商品的顧客。
⑤賣方……供應生產線必要原料的上游業者等。

①、②、④在3C分析中也是受到高度關注的要素。但③或⑤則很容易被忽略吧。就算開發出好商品，要是新上市的替代品功能更多或價格更低廉，勢必慘遭取代。

此外，也有可能因原物料價格飛漲，導致難以確保利潤。**可以斷言的是，上述五種壓力愈大，市場環境就愈嚴苛**。

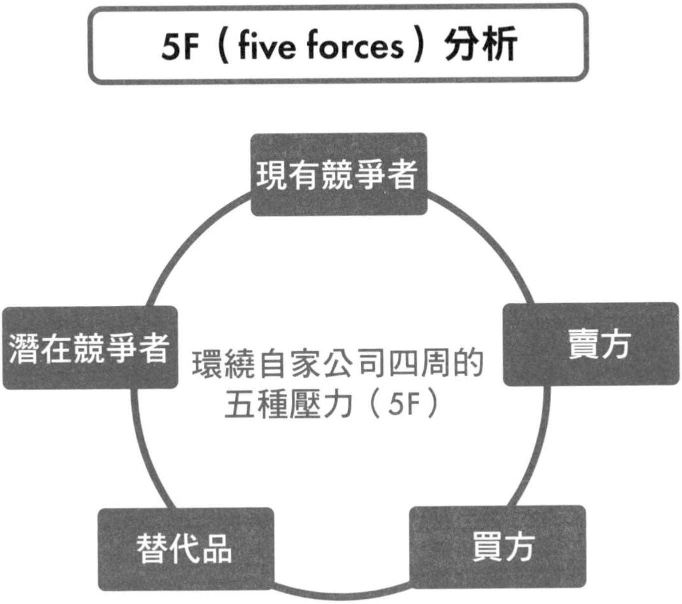
5F（five forces）分析
現有競爭者
潛在競爭者
環繞自家公司四周的
五種壓力（5F）
賣方
替代品
買方

●分析5F，掌握自家公司處境

現有競爭者	於相同業界提供對打自家商品或服務的企業。
潛在競爭者	進軍相同業界，提供對打自家商品或服務的企業。
替代品	比自家公司提供的商品更具魅力的競爭品。
買方	打算把自家公司商品換成其他公司商品的顧客。
賣方	供應生產線必要原料的上游業者等。

2-09 政治和社會現象也是分析對象

帶來全新視角的ＰＥＳＴ分析

關注政治・經濟・社會情勢・技術

檢視自家公司的處境時，也得留意政治、經濟、社會情勢。分析社會趨勢動向時，有個方便好用的方法，就是「ＰＥＳＴ分析」。所謂ＰＥＳＴ分析，為以下四個要素的英文字首組成：政治或法規（politics）、經濟（economy）、社會情勢（society）、技術（technology）。

舉例而言，在政治或法規方面，近年來由於藥物管理法規的鬆綁，醫藥品已開放網購，市場規模因而大為擴展；在經濟方面，起因於安倍經濟學的景氣變化，造成商業環境的鉅變；在社會情勢方面，舉凡少子高齡化或職業婦女增加等，進行市場分析時應該心繫的議題極多；在技術方面，能改變消費者生活的技術革新也應該多加留意，譬如音樂可透過網路付費下載，因此音樂光碟的業績大受衝擊。由此可見，ＰＥ

ＳＴ分析得以別於３Ｃ或５Ｆ的視角，捕捉環境的變化。

分析社會趨勢動向的PEST

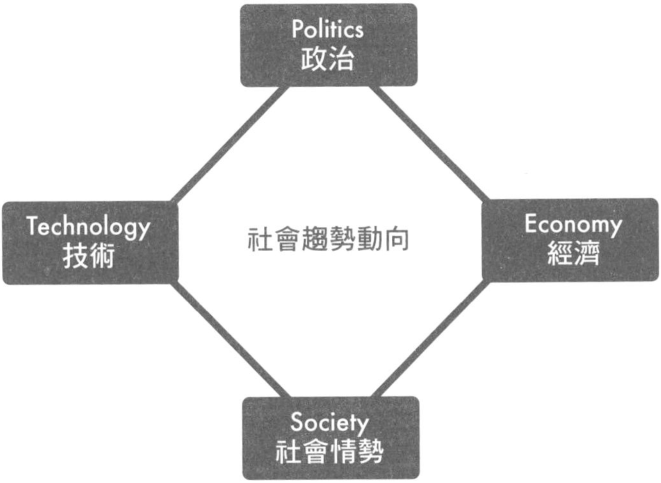

●以PEST進行分析的重點

Politics 政治	自家公司涉及的法律、政策、稅制、執政黨政策、政府外交政策等。
Economy 經濟	景氣波動、金融政策、貿易政策、匯率狀況、股價、設備投資傾向等。
Society 社會情勢	人口減少、高齡化社會、眾人的關注、事件・社會問題的狀況、教育政策等。
Technology 技術	技術革新的狀況、電子錢包或付費下載之類的新技術問世等。

2-10 由內外兩面進行分析

找出優勢與劣勢、機會與威脅的SWOT分析

▼從正負兩面得到四個分析結果

進行公司自我分析時，**只要從「內在環境」與「外在環境」著手檢視，將可輕易地分別歸納出正負兩面。**

請先試著思考內在環境的正負兩面，從中可反映出自家公司的「優勢」與「劣勢」。舉例而言，「有多位專業知識豐富的員工在職」為公司優勢，那麼劣勢則為「人事開銷龐大」。

相對於此，思考外在環境的正負兩面時，可認清擴大事業版圖的「機會」，與被迫縮小規模的「威脅」。舉例而言，正面是「經銷商品熱賣，顧客人數增加」的機會，負面則可歸納出「大企業跟風搶進市場」的威脅。

這種分析手法取用優勢（strengths）、劣勢（weaknesses）、機會（opportunities）、威脅（threats）四者的英文字首，命名為「SWOT分析」。

以SWOT分析導出的四大要素

SWOT分析步驟

①由內在環境往正面思考，將能認清優勢（strengths）
②由內在環境往負面思考，將能認清劣勢（weaknesses）
③由外在環境往正面思考，將能認清機會（opportunities）
④由外在環境往負面思考，將能認清威脅（threats）

	正面	負面
內在環境	優勢（strengths）	劣勢（weaknesses）
外在環境	機會（opportunities）	威脅（threats）

●優勢．劣勢．機會．威脅舉例

優勢（strengths）	劣勢（weaknesses）
・備有優秀人才 ・具有價值極高的品牌 ・擁有特殊技術	・人事開銷龐大 ・生產量少 ・缺乏操作廣告宣傳的關鍵技術
機會（opportunities）	**威脅（threats）**
・經銷商品熱賣 ・有媒體介紹 ・交通基礎建設完備	・原物料價格飛漲 ・出現經銷類似商品的競爭者 ・社群網站中有負評流傳

以SWOT交叉分析擬定四種策略

只做到以SWOT分析歸納現狀，還不夠完整，必須根據分析結果，思考因應對策。透過SWOT分析釐清「優勢與劣勢」、「機會與威脅」，再由此導出因應對策的手法，稱為「SWOT交叉分析」。所謂SWOT交叉分析，就是把剖析自內在環境的優勢・劣勢，與剖析自外在環境的機會・威脅，彼此進行交叉分析。

舉例而言，以「優勢×機會」思考對策時，可活用專業知識豐富的員工人數眾多的優勢，趕搭正值熱潮的機會積極展店；以「優勢×威脅」思考對策時，要是出現搭上熱潮搶攻市場的競爭者，面對這樣的威脅，可不做正面交鋒，而是加強店鋪的專業性，藉此力圖差異化。至於以「劣勢×機會」思考對策時，可趕搭熱潮推出利潤較高的新商品，藉此平衡人事開銷；以「劣勢×威脅」思考對策時，面對競爭者的威脅，可藉由縮減規模刪減人事費用。

由此可見，SWOT交叉分析**可把「優勢×機會」、「優勢×威脅」、「劣勢×機會」、「劣勢×威脅」排成矩陣，探討四種導向的策略**。「優勢×機會」屬於「積極進攻策略」，「優勢×威脅」屬於「差異化策略」，「劣勢×機會」屬於「階段因應策略」（弱點強化策略），「劣勢×威脅」屬於「只守不攻或撤退策略」。

以SWOT交叉分析擬定對策

SWOT交叉分析步驟

①以「優勢×機會」擬定「積極進攻策略」
②以「優勢×威脅」擬定「差異化策略」
③以「劣勢×機會」擬定「階段因應策略」（弱點強化策略）
④以「劣勢×威脅」擬定「只守不攻或撤退策略」

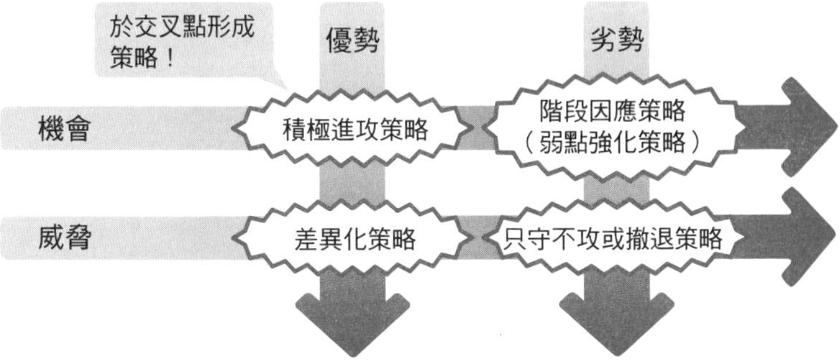

●四種策略的特色

積極進攻策略 活用自家公司優勢，積極爭取事業機會。	差異化策略 活用自家公司優勢，尋找因應威脅的差異化策略。
階段因應策略（弱點強化策略） 一邊改善自家公司劣勢，一邊尋找活用機會的方法。	只守不攻或撤退策略 針對劣勢和威脅，探討堅守或撤退。

2-11 注意市場成長率與占有率

以產品組合進行評估

▼從「金牛」到「瘦狗」，各有不同特徵

面對五花八門的市場，分析自家事業或商品要在哪個領域揮灑實力，該如何永續發展，為非常重要的事。有一種將自家事業或商品分門別類，然後進行評估的方法，那就是「產品組合」（product portfolio）。

這個方法把公司事業或商品，根據「市場成長率」與「市場占有率」的高低，區分為四大類：「市場成長率與占有率皆高＝明星」、「市場成長率高，市場占有率低＝問題」、「市場成長率與占有率皆低＝瘦狗」、「市場成長率低，市場占有率高＝金牛」。

「明星事業」為必須因應市場成長，進行投資的事業；「問題事業」為雖然必須因應市場成長而進行投資，但也得斟酌評估應該追加投資，還是退出市場的事業；「瘦狗事業」為退出市場為宜，毫無未來可言的事業；「金牛事業」為就算沒有追加投資，依然得以獲利的事業。根據這四種特徵，導出市場行銷策略。

產品組合

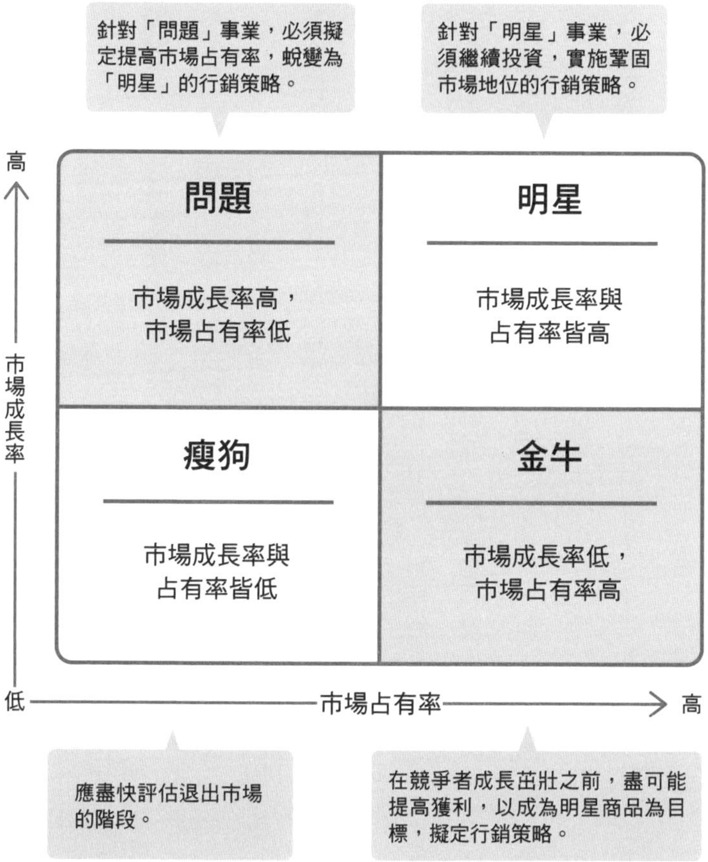
針對「問題」事業，必須擬定提高市場占有率，蛻變為「明星」的行銷策略。
針對「明星」事業，必須繼續投資，實施鞏固市場地位的行銷策略。
高
問題
市場成長率高，市場占有率低
明星
市場成長率與占有率皆高
市場成長率
瘦狗
市場成長率與占有率皆低
金牛
市場成長率低，市場占有率高
低
市場占有率
高
應盡快評估退出市場的階段。
在競爭者成長茁壯之前，盡可能提高獲利，以成為明星商品為目標，擬定行銷策略。

有助於決定自家商品方向性的分析方法。

2-12 由市場占有率研擬企業策略

將庫普曼模式活用於行銷上

▼「弱者策略」與「強者策略」

行銷理論中，所謂「市場占有率」的關鍵字時有所見，而這個概念的運用始於一九四〇年代。第二次世界大戰期間，曾為哥倫比亞大學教授的伯納德・庫普曼（Bernard Koopman），根據著名的軍事理論「蘭徹斯特法則」（Lanchester's laws），提出軍事模擬理論「庫普曼模式」，而市占率的概念就是由此而來。

庫普曼模式也被運用於行銷領域，「弱者策略」和「強者策略」應運而生。所謂弱者策略，就是差異化策略，即使市占率偏低，**只要全力投入一種領域，有時也能創造出不同於其他公司的魅力**。相對於此，所謂強者策略，就是一窩蜂策略，於市場推出同於競爭者的商品・服務，強勢拓展市占率。

例如，中小企業鎖定大企業未著力的利基領域等，企業得以根據規模或市占率，展開各式各樣的競爭。

庫普曼模式的行銷策略

弱者策略

弱者將經營資源集中統一，
以強者沒有的利基商品提高市場知名度，獲取市占率。

事業一
事業二　事業四
事業三　事業五
細分事業

→ 集中於事業一 →

集中於特定事業，
追求差異化

單點突破，
藉此瓜分強者的市占率！

以差異化為基本

強者策略

針對弱者的暢銷品，強者推出同質性商品，
同時利用企業規模，於廣於弱者的範圍展開競銷。

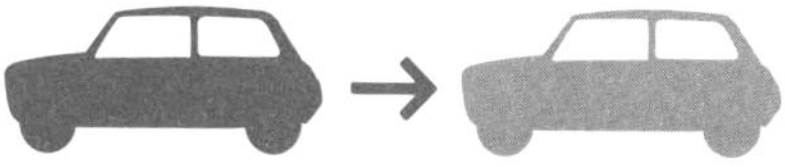

A公司新商品熱賣 → 自家公司也發售類似新商品 →

以壓倒性的市占率及活用企業規模的價格競爭力，維持市場占有率

充分發揮強項為基本做法

同場加映　老二的策略

為了與業界老大抗衡，老二可考慮採取一邊搶奪老三以下的市占率，一邊力求成長的行銷策略，效果相當不錯。

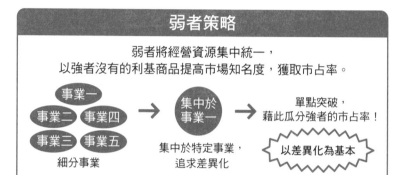

由七大目標值勾勒願景

隨後，庫普曼模式更進一步發展，最後被歸納出市占率七大目標值。請確認自家事業或商品是否符合以下①到⑦的某一項：

①獨占性市占率（73・9％）……絕對獨占市場的狀態。

②相對穩定市占率（41・7％）……雖有數家企業爭奪市占率，但如果沒有特殊狀況，應能穩坐龍頭寶座。

③左右市場市占率（26・1％）……雖然目前領先，但極可能慘遭逆轉的狀態。如果排名第二以下者得到這種市占率，可謂極有奪冠機會。

④平分秋色市占率（19・3％）……數家企業瓜分市場，相互抗衡，沒有一家企業處於穩定的狀態。

⑤市場認知市占率（10・9％）……消費者得以自行想起市場中存在著某家企業，其他競爭者也知道該企業的存在。

⑥市場存在市占率（6・8％）……姑且存在於市場中的狀態。如果沒有提示，消費者將想不起來該企業的存在。

⑦灘頭堡市占率（2・8％）……剛剛搶上灘頭的狀態，可由此展開弱者策略。

企業必須掌握市場占有率，然後對應各種目標值勾勒願景。

庫普曼目標值

擬定市占率基準的庫普曼目標值！

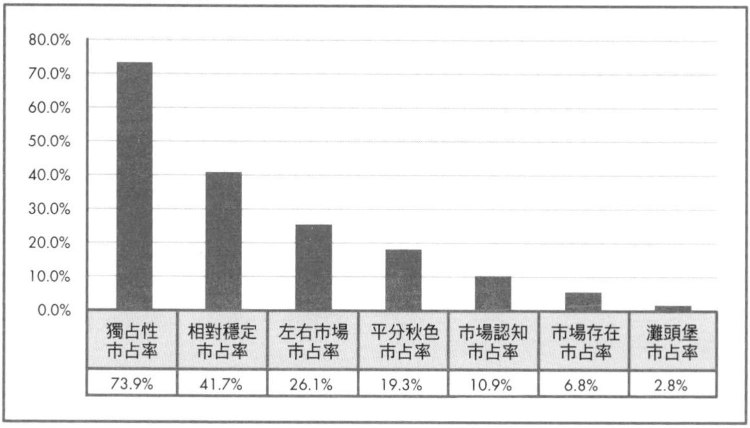

●企業得以依據自身市占率研擬行銷策略

獨占性市占率	絕對支配市場的占有率，可展開強者策略，保持霸主地位。
相對穩定市占率	雖有數家企業爭奪市占率，但仍能穩坐龍頭寶座。
左右市場市占率	雖然目前領先，但極可能慘遭逆轉的狀態。如果排名第二以下，將有望奪冠。
平分秋色市占率	數家企業瓜分市場，相互抗衡，沒有一家企業處於穩定的狀態。
市場認知市占率	消費者得以自行想起某家企業的市占率，其他競爭者也知道該企業的存在。
市場存在市占率	姑且存在於市場中的市占率，消費者容易遺忘該企業。
灘頭堡市占率	剛剛搶上灘頭，可由此展開弱者策略。

2-13 留意商品壽命

同於人類，具有生命週期

商品壽命分為導入期・成長期・成熟期・衰退期四大階段

進入市場的商品，絕不可能一直保持固定的銷售額或利潤。正如人類隨著年齡的增長，可分為幼年、青年、壯年、老年各個時期一般，商品壽命也具有循環性，稱之為「產品生命週期」（product life cycle），分成「導入期」、「成長期」、「成熟期」、「衰退期」四個階段。週期中的業績或利潤，將呈現如左圖一般的變化。

導入期間為了提高知名度，必須進行初期投資，由於掏錢購買的顧客仍不多，因此銷售額偏低；邁向成長期後，商品知名度增加，銷售額隨之提升；進入成熟期後，只要穩坐該項商品的龍頭寶座，將能迎向業績巔峰，不過此時業績成長也將出現疲態；緊接而來的衰退期，往往因市場上同質性商品趨於飽和，以至於需求呈現萎縮。在落入這種窘境之前，必須進行商品的改良更新。

產品生命週期

商品的銷售額和利潤，呈現如下圖一般的變化

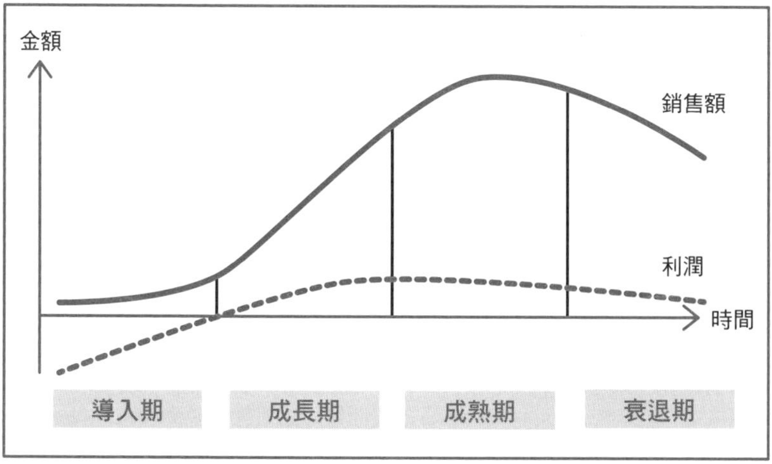

導入期

雖然銷售額略增，但初期投資較大，
因此獲利不高。

成長期

隨著商品知名度的提升，
銷售額和利潤雙雙增加。

成熟期

即使銷售額迎向最高峰，仍會因
競爭品削價搶市等，導致獲利減少。

衰退期

市場上的商品趨於飽和，
銷售額和利潤雙雙下滑。

因應不同時期，分別規劃行銷活動十分重要！

導入期及成長期必須提升商品知名度與競爭力

由導入期到衰退期的四個階段時期，各有必須完成的課題，先來看看導入期與成長期的課題和對策。

商品導入期間，如何讓消費者得知新商品的存在十分重要，因此少不了廣告或促銷等推廣活動。例如，**豐田汽車PRIUS便在地球暖化因應等環保議題受到高度關注的氛圍中，展開大規模的廣告宣傳活動**。PRIUS於一九九七年十月上市，同一時期，預防地球暖化京都會議通過了京都議定書。於是，豐田汽車開始培植「積極因應地球環境問題」的企業形象，隨後也於車市中推出活用油電混合動力技術的車款。然而，直到他們成功開拓油電混合車的市場為止，耗費的歲月長達十五年之久，導入期間投注於行銷活動的心力與費用，實在大得驚人。

至於成長期間，則得留意競爭者的存在。為了求勝，提高生產效率與銷售效率為必備條件；為了不淪於價格競爭，增加商品本身的魅力極為重要。此外，**也能參考全家便利商店（FamilyMart）的因應做法。在便利超商市占率爭奪戰白熱化之際，他們以日系連鎖便利超商之姿進軍海外市場，擴大事業版圖**。全家便利商店在海外與當地的合夥企業攜手推動在地化經營，成功打造出充滿魅力的店鋪與商品架構。

▼成熟期和衰退期的新市場開發及商品活性化極為重要

一旦迎向成熟期，除了仰賴既有顧客的回購，還得針對可能需要汰換的商品、考慮推出更新版，或是探討新市場的開發。在此以**活用嬰兒用品的開發要領，成功開拓高齡者市場的貝親（pigeon）**為例，提供各位參考。於哺乳相關用品、護膚用品及離乳食品等領域深獲好評的貝親，早於一九七五年預見少子高齡化的趨勢，因而進軍高齡者的領域。這種做法得以讓原本因生兒育女而熟悉貝親商品的消費者，在結束育兒生涯後，繼續使用貝親的高齡者商品。換句話說，就是藉此提升顧客終身價值（life time value）。

進入衰退期後，除了以附加新技術或新機能的商品伺機開拓全新市場外，也能設法延長商品壽命或活化商品。有個象徵性的個案，光顧居酒屋的年輕人當中，**不懂威士忌口味的人數漸增，面對這種情形，三得利（SUNTORY）重新提倡高球（highball，**由威士忌與通寧水或蘇打水調製而成的雞尾酒**）的美味新喝法**。在此之前，高球加水為十分普遍的喝法，但三得利卻強打可如啤酒一般於餐前淺酌，也能於餐酒館中佐餐享用。雖然高球本身為存在已久的飲料，不過三得利重新思考美味的喝法，同時運用電視廣告和網路，雙管齊下地大肆推廣，結果讓沉寂二十多年的威士忌銷量大幅回升。

column

於AIDA附加「確信」的AIDCA心路歷程

翻閱日本出版的行銷專業書籍，以大量篇幅闡述AIDMA的著作不在少數。反觀美國出版的書籍，比起AIDMA，AIDA更受到推崇。

AIDMA的概念被發表於一九二四年。但據説AIDA的歷史更久遠，提倡年份為一八九八年。AIDA肯定是頭一個將消費者的心路歷程模式化的概念。

不少人以為AIDMA是由AIDA進一步發展而成的概念，其實AIDA本身也是經過美國應用心理學家斯特朗（E.K.Strong）修正所得。此外還有個在日本鮮為人知的概念，就是於AIDA附加C的AIDCA。C的意涵為「conviction＝確信」，因為付諸行動之前，必須十分確信。

打從行銷理論萌芽期間便已經存在的概念，即使到了網路時代另有AISAS出現，也不容忽視，反而更該奉為行銷的基本概念，充分理解掌握。

第 3 章

行銷的基本策略

3-01 行銷的大前提——STP

務必理解掌握的三大步驟

市場區隔・選擇目標市場・市場定位

就行銷的基本概念而言，首先務必理解掌握的就是「STP」。所謂STP，就是取自於市場區隔（segmentation）、選擇目標市場（targeting）、市場定位（positioning）三者的英文字首，各自的定義如下：

①市場區隔……將市場細分化。

②選擇目標市場……以①細分市場後，從中鎖定與自家事業或商品最契合的市場或顧客。

③市場定位……以②鎖定市場或顧客後，敲定自家事業或商品該如何因應定位。

如果沒有根據這三大步驟進行規劃，在廣大的市場中，究竟要如何推展自家事業或商品，應該毫無頭緒。**進行第三十四頁所介紹的行銷組合時，也得以落實STP為前提。**

STP為何有其必要性？

無法滿足所有需求！

↓

必須縮小行銷對象範圍

↓

STP將成為行銷的基本架構！

STP操作流程

S
STEP 1
市場區隔
將市場細分化

T
STEP 2
選擇目標市場
鎖定最適合的市場或顧客

P
STEP 3
市場定位
敲定市場內的定位

↓

以上述步驟擬定行銷策略大綱！

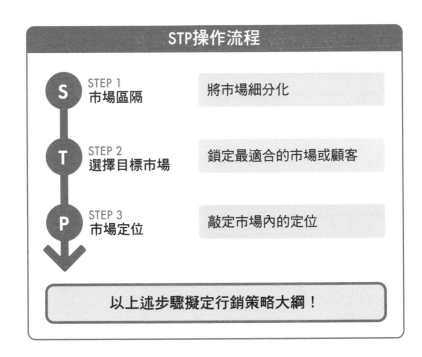

3-02 ①細分市場

市場區隔的基本

舉凡地理或人口動態等，切入方式相當多元

縱然統稱為「細分市場」，但切入方式卻相當多元，可依照地區細分，也可依照年齡層區隔。尤其消費財或耐久財，如果根據以下四種觀點區分，應該不難歸納：

①以地理條件細分……例如以國家為基準，區分為國內、國外；以地區為基準，區分為關東、關西。除此之外，舉凡都市規模、人口密度、氣候差異等，都能做為細分基準。

②以人口動態細分……除了年齡、性別、所得、職業等，例如，已婚、未婚等人生階段，也能做為細分基準。

③以心理因素細分……調查顧客的價值觀、生活方式、人格特質等，再把調查結果當作細分的基準。

④以行為模式細分……例如，消費者購買商品時的狀況、內心渴望的商品或服務、對商品的喜好等，將這些行為模式當作細分的基準。

市場區隔的手法

廣大的市場

↓ 細分化

以地理條件細分

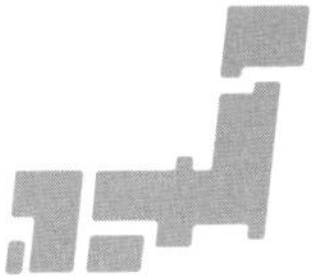

根據國內外、關東或關西、寒冷或炎熱、大都市與否等，加以判斷區分。

以人口動態細分

根據年齡、性別、所得、職業、已婚未婚等進行細分。

以心理因素細分

根據顧客的價值觀、生活方式、人格特質等進行細分。

以行為模式細分

根據顧客購買商品時的狀況、對商品的要求或喜好等加以分類。

以地理條件細分和以人口動態細分的實例

所謂以地理條件細分或以人口動態細分，究竟是什麼樣的市場區隔方式，或許難以想像，以下就為大家介紹幾個案例吧。

例如，以計時收費停車場「Times」而廣為人知的普客二四（Park24，日本的停車場管理公司），**便是以地理條件細分市場，鎖定由「土地」區隔出的「閒置空地」，尋找有土地活用困擾的地主，進而開創全新的市場**。此外，食品超市連鎖店OZEKI則**以「高所得居民較多的人口密集地」進行市場區隔**，展店地點集中於包含東京都世田谷區在內的城南地區、城西地區，結果創造出極高的獲利率。

至於以人口動態細分的案例，則可參考從男性客層區隔出「中年男性」，成功開拓男士化妝品市場的大塚製藥。提到化妝品，往往直接聯想到女性，不過**大塚製藥另外區隔出除臭控油的「清潔護膚市場」**，推出「樂・傲仕」（UL・OS）品牌，供應各式各樣的商品。此外，倍樂生（Benesse Corporation，經營函授教育、出版等事業的日本企業）則**著眼於由出生到臨終的各個人生階段，以人口動態細分市場**，除了開辦屬於國內教育範疇的「幼兒挑戰教室」或「進研補習班」，還成立以懷孕・生產・育兒中的婦女為對象客層的「雞蛋俱樂部」及「小雞俱樂部」。此外，還涉足銀髮族・照護領域，蓋了兩百多家收費式老人院，事業的經營，完全以人生各個階段為切入點。

▼以心理因素細分和以行為模式細分的實例

以心理因素細分市場時，得先掌握消費者的價值觀及生活方式等。例如，anicom損害保險公司就是**在少子高齡化的趨勢中，嗅到把寵物當家人一起生活的飼主人數漸增的商機，推出相關保險商品**。由於長壽寵物增加，包含醫藥費在內的保健開銷也隨之增加，因此anicom比照人類健康保險規劃保單內容，於寵物保險市場中，成功掌握極高的占有率。此外，以眼鏡品牌「JINS」而聞名的睛姿，也是以心理因素細分市場時，發覺「無須矯正視力者」及「重度電腦使用者」的眼睛其實存在風險，而且本人也心懷不安。基於此故，睛姿特別推出可阻斷液晶螢幕藍光，或是預防眼睛乾澀的機能性眼鏡。**這個被區隔出的非視力矯正市場，以打破眼鏡業界固有觀念的切入點**，得到消費者的支持。

至於以行為模式細分的案例，則以好侍食品（House，日本餐飲企業）的「薑黃之力」（內含肝功能強化成分的保健飲料）最具有象徵性。針對「喝酒的機會很多」、「擔心對肝功能造成不良影響」、「持續飲用機能性飲料」等三、四十歲男性的心態，好侍食品看好其中商機，成功發掘潛在需要。結果這些男性養成每逢喝酒，就一定要喝「薑黃之力」的習慣，最後成功開創全新的市場。以行為模式進行市場區隔時，也得比照如此，**留意可讓顧客持續購買的要素**。

3-03 ②鎖定市場
選擇目標市場的基本

▼差異化行銷和集中行銷

以市場區隔細分市場後，便要選出最適合自家事業或商品的目標市場。市場未經細分便展開行銷的手法，稱為「無差異化行銷」；以細分後的市場為行銷對象的常見手法，則有「差異化行銷」與「集中行銷」。現今採用「無差異化行銷」的企業，幾乎已不復存在。

所謂差異化行銷，以洗髮精為例，如果以「年齡」或「性別」區隔市場，主客層為二十多歲女性的市場，將著重於美化髮質的色澤亮度，至於主客層為五十多歲男性的市場，則會強調養髮效果。

相對於此，如果自家公司具備養髮洗髮精的超強專業技術，也能採用集中行銷，只鎖定主客層為五十多歲男性的市場。**選定市場時，除了像這樣把自家公司的經營資源列入考慮外**，其他如市場的規模、成長性、結構魅力程度等，也能一併參考檢討。

選定目標市場的方法

無差異化行銷

針對未經細分的市場統一擬定行銷計畫。

差異化行銷

汽車市場：家用車市場、跑車市場、高檔車市場、輕型車市場

針對各個市場分別進行行銷

分別配合各個細分後的市場擬定行銷計畫。

集中行銷

汽車市場：家用車市場、跑車市場、**輕型車市場** ← 集中於此！

集中於細分後的單一市場擬定行銷計畫。

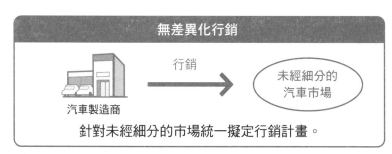

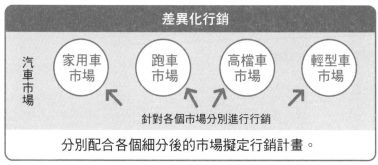

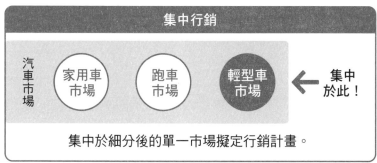

3-04

③決定市場定位

市場定位的基本

鎖定競爭者較少的市場

決定進軍的市場後，只要確認自家事業或商品，這個市場中的定位為何，便能整理出行銷策略的大綱。

雖然統稱為「市場定位」，但同於市場區隔，操作的手法十分多元，當中最容易理解的就是和競爭者互相比較。舉例而言，如果把自家公司具有「生髮」、「預防掉髮」效果的某款洗髮精，拿來和競爭者的商品比較，結果估算出預防掉髮的效果為對方十倍的話，後續行銷活動的重點，應該主打預防掉髮的效果，而不是生髮。

此外，既然預防掉髮的效果超強，也可考慮重新選擇目標市場，鎖定開始在意掉髮問題的三十歲前後男性客層，而不是五十多歲的男性。想當然爾，**在競爭者較少的市場中，自家公司肯定占有優勢**。探討STP時，未必非得依照S→T→P的順序，有時**也能由P反推T等，像這樣保有彈性的思維極其重要**。

自家公司的優勢隨市場變化

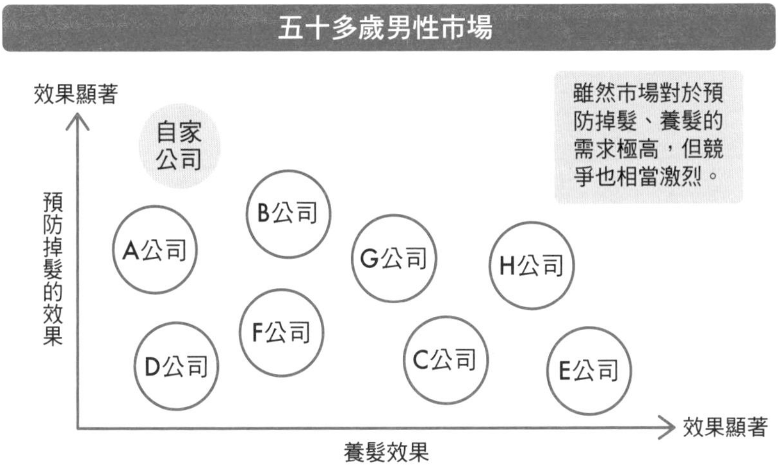
五十多歲男性市場
效果顯著
預防掉髮的效果
自家公司
A公司
B公司
G公司
H公司
D公司
F公司
C公司
E公司
效果顯著
養髮效果
雖然市場對於預防掉髮、養髮的需求極高，但競爭也相當激烈。

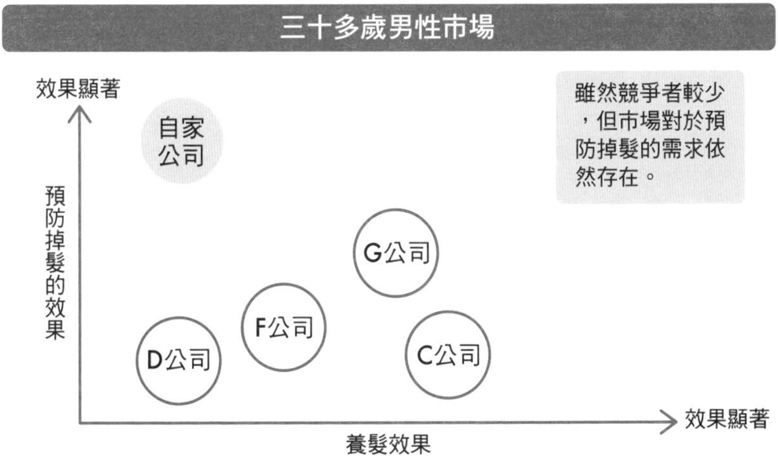
三十多歲男性市場
效果顯著
預防掉髮的效果
自家公司
G公司
F公司
D公司
C公司
效果顯著
養髮效果
雖然競爭者較少，但市場對於預防掉髮的需求依然存在。

3-05

市場占有率也能決定市場定位

波特的四個定位分類

市場定位隨市場占有率改變

市場定位也能由市場占有率決定。哈佛大學教授麥可・波特（Michael Eugene Porter，美國著名管理學家與經濟學家）將企業定位分成以下四類：

①市場領導者的定位……活用豐富的經營資源，掌握整體市場。
②市場挑戰者的定位……訴求與①的差異化，致力於擅長領域。
③市場追隨者的定位……模仿①和②，或靜待他們意外失敗，伺機而動。
④市場利基者的定位……不與他人競爭，專注於較小領域。

我們**可根據取決於市占率的市場定位，探討合乎自家公司與市場狀況的行銷策略**。舉例而言，如果屬於市場領導者，可在廣大市場中推出低價商品，打敗競爭者；如果屬於市場挑戰者，得以推出定價雖然略高，但卻具有附加價值的商品，以此訴求差異化；如果屬於市場追隨者，得以分析一流企業的商品，見縫插針；如果屬於市場利基者，可於狹小市場中集中資源，以單一鎖定進攻的方式擬定策略。

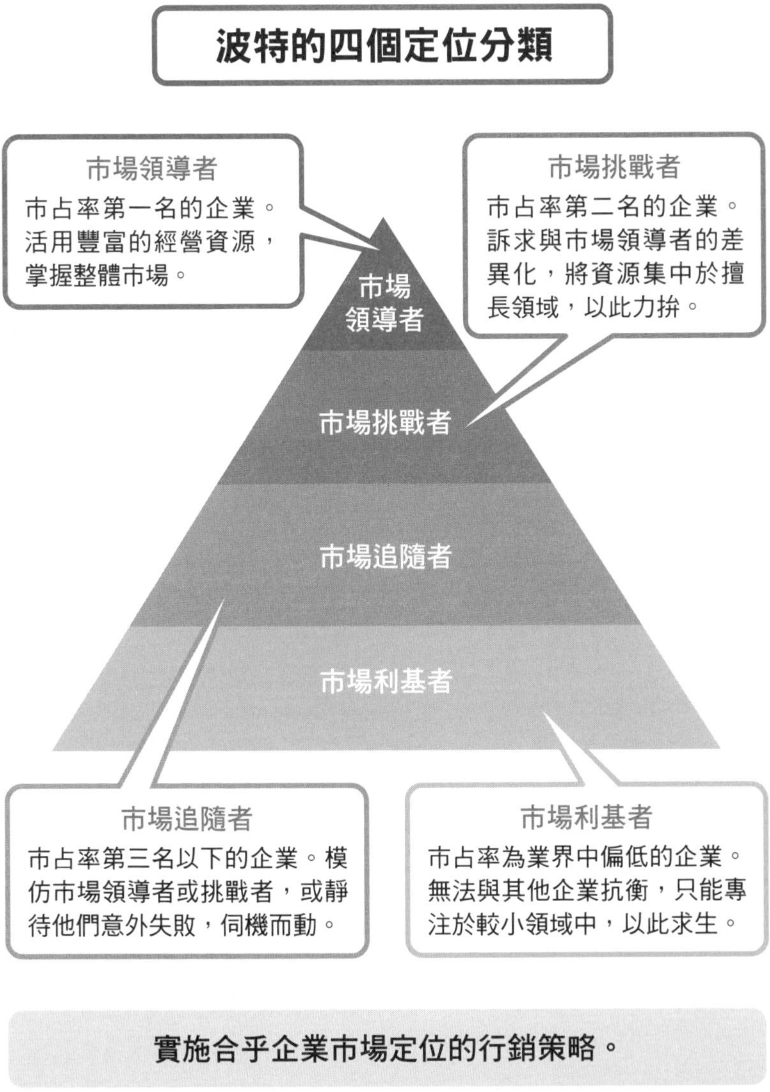

波特的四個定位分類
市場領導者
市占率第一名的企業。活用豐富的經營資源，掌握整體市場。
市場挑戰者
市占率第二名的企業。訴求與市場領導者的差異化，將資源集中於擅長領域，以此力拚。
市場領導者
市場挑戰者
市場追隨者
市場利基者
市場追隨者
市占率第三名以下的企業。模仿市場領導者或挑戰者，或靜待他們意外失敗，伺機而動。
市場利基者
市占率為業界中偏低的企業。無法與其他企業抗衡，只能專注於較小領域中，以此求生。
實施合乎企業市場定位的行銷策略。

3-06 顧客內在心理直接連結市場占有率

建議與市場占有率一併探討的心智占有率

如何提高心中的占有率

評估市場定位時，除了參考波特的市場占有率概念，建議一併探討「心智占有率」（mind share）。所謂心智占有率，一言蔽之就是「在顧客心中的占有率」吧。

為了在競爭激烈的市場中占有一席之地，**如何在顧客內心提高自家公司的存在價值，實在非常重要**。例如，「我喜歡這個商品」、「如果是這間公司的商品，我就能放心」等，只要打從內心喜歡自家商品或事業的顧客愈多，就能獲得愈高的市占率。

心智占有率的提倡者之一傑克・特魯特（Jack Trout）在他自己的著作中，提及企業得理解自身在顧客心目中的印象，必要的話，也應該考慮重新評估市場定位。基於此故，掌握顧客內心的變化，就變得十分重要。

心智占有率

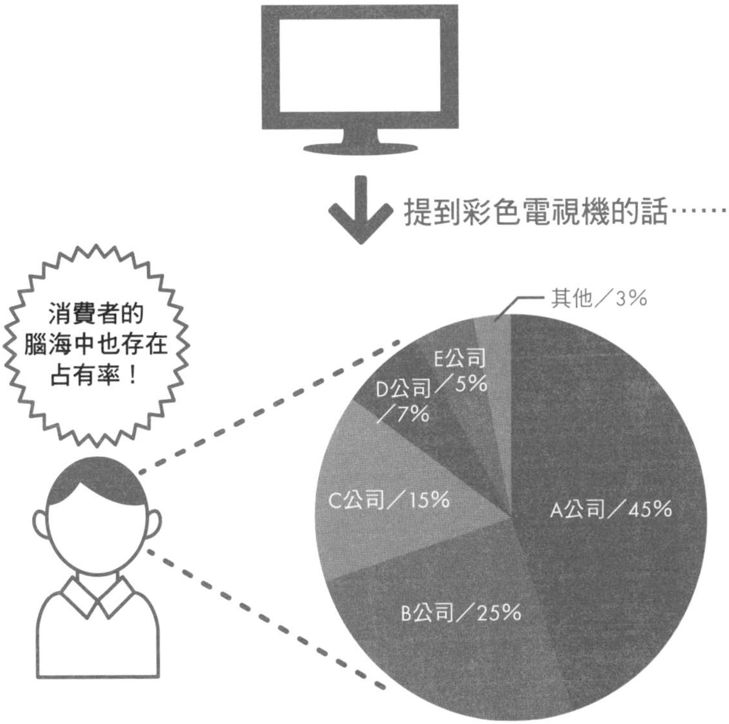
提到彩色電視機的話……
消費者的
腦海中也存在
占有率！
其他／3%
E公司／5%
D公司／7%
C公司／15%
A公司／45%
B公司／25%

●關鍵重點

注意！	企業形象也十分重要
由於消費者的心意十分容易改變，因此必須定期重新評估市場定位。	例如，「安心」、「這家公司的商品品味不錯」等企業形象，也屬於一種心智占有率。

3-07 購買前的決策過程

主張三種過程的霍華德—謝思模式

▼以學習結構概念做出決策

消費者得歷經什麼樣的過程，才會產生購買行為呢？建議各位牢記一個基本概念，就是「霍華德—謝思模式」（Howard-Sheth model）。這套模式主張消費者會接收來自於廣告等的商品相關刺激，同時接收的刺激，將由「感知結構概念」進行處理。所謂感知結構概念，是指關注商品、蒐集資訊等，後續則由學習結構概念做出購買決策。學習結構概念會經過以下三種過程，做出最後決策：

①廣泛性問題解決……針對不熟悉的商品，縝密地搜尋資訊後才做出決策。

②有限性問題解決……針對略知一二的商品，為了得知該項商品是否符合自身的選購基準，大略搜尋資訊後才做出決策。

③例行性問題解決……針對十分熟悉的商品，幾乎未經搜尋資訊，便做出決策。

從這套模式中，將能充分理解持續光顧**如何讓後續購買門檻變低**。

霍華德－謝思模式的概念

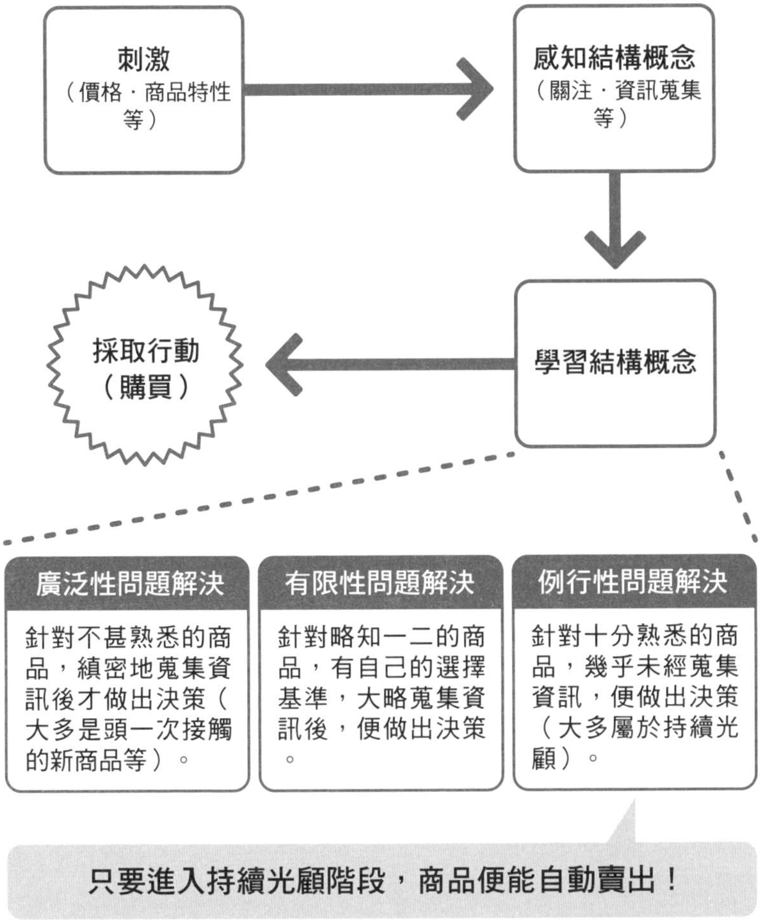
刺激
（價格・商品特性等）
感知結構概念
（關注・資訊蒐集等）
學習結構概念
採取行動
（購買）
廣泛性問題解決
針對不甚熟悉的商品，縝密地蒐集資訊後才做出決策（大多是頭一次接觸的新商品等）。
有限性問題解決
針對略知一二的商品，有自己的選擇基準，大略蒐集資訊後，便做出決策。
例行性問題解決
針對十分熟悉的商品，幾乎未經蒐集資訊，便做出決策（大多屬於持續光顧）。
只要進入持續光顧階段，商品便能自動賣出！

3-08

即使顧客感到滿意，也不能高枕無憂

評估滿意度的期望失驗模式

▼著眼於期望和實際績效的顧客滿意法則

在商業交易的場合，經常聽到「顧客滿意度」一詞。顧客滿意度也稱為CS（customer satisfaction），為行銷上的重要關鍵字，務必確實掌握顧客滿意與否的分界點。

根據理查德・L・奧利佛（Richard L.Oliver）提倡的「期望失驗模式」（expectation-disconfirmation model），**顧客滿意與否，取決於購買商品前的期望，與購買商品後的實際績效，互相比較評價的結果**。消費者於購買商品時，往往對品質或售價心存期望。當實際績效高於期望，當然感到滿意。不過當中有個容易忽略的重點，就是當期望不高時，就算實際績效不佳，顧客依然滿意。然而光憑低價求售，將難以創造長銷商品，因此即使顧客感到滿意，也絕不能就此高枕無憂。

期望失驗模式的架構

無關商品價值或售價，而是針對購買前的期望值，與購買後的商品實際績效進行評比，最後再由顧客根據兩者落差給予評價。

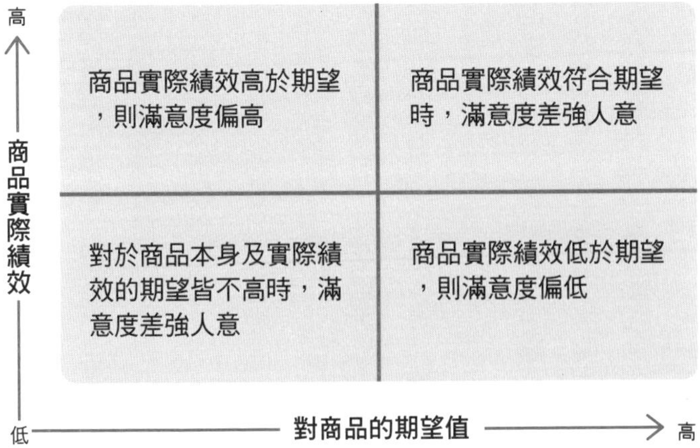
高
商品實際績效
低
商品實際績效高於期望，則滿意度偏高
商品實際績效符合期望時，滿意度差強人意
對於商品本身及實際績效的期望皆不高時，滿意度差強人意
商品實際績效低於期望，則滿意度偏低
對商品的期望值
高

●顧客滿意度舉例：鬧鐘

百圓商店的鬧鐘 期望值　低 實際績效　差	有時稍微慢分，或鬧鈴音量過小。但每天早上姑且能在相同時間叫人起床，因此勉強接受。
高級精品鬧鐘 期望值　高 實際績效　佳	稍微慢分便令人不滿。此外，為了能確實叫人起床，本來就該內附鬧鈴音量能調整大小聲的功能。對於這樣的鬧鐘，實在很難提升滿意度。

期望失驗模式的兩大重點

整理歸納期望失驗模式後，可列出以下兩大重點：

- **「期望」愈低，滿意度愈高**
- **「實際感受」（實際績效）愈佳，滿意度愈高**

思考如何提高顧客滿意度時，往往基於後者的邏輯，陷入只要提供優質商品或服務，就能讓顧客滿意的思維。不過如果為了提升品質而造成售價變高，顧客的期望值當然也隨之攀升，如此一來，將難以獲得顧客滿意。

曾擔任哈佛商學院教授的西奧多・李維特（Theodore Levitt）便主張「行銷活動的重點應以追求顧客滿意為目的」，呼籲切勿淪於「造物絕對主義」。為了落實這樣的概念，首先必須掌握自家公司的目標客層，對於商品或服務的期待層次為何，其次才深入探討應該開發哪些商品或服務。

只要提供的商品或服務符合顧客期待，顧客多半能感到滿意。相反來說，如果能排除顧客的不滿，便能讓顧客姑且滿意。然而，光憑排除顧客的不滿，難以讓顧客對商品或服務留下深刻的印象，也無法期待他們持續光顧。真正重要的是超越顧客的期望。藉由超越顧客的期望，激發顧客內心對商品或服務的感動，就能擁有忠誠粉絲或支持者。

▼以NPS客觀掌握顧客滿意度

話雖如此，要讓自家商品或服務超越顧客的期待，並讓他們願意持續光顧，談何容易？這時不妨活用「NPS」（net promoter score，淨推薦值）。

所謂NPS，就是針對顧客進行問卷調查，探知顧客是否感到滿意、對於該項商品是否打算持續購買、是否願意推薦他人購買等的指標。問卷中的題目為「是否願意推薦給親友？」顧客的回答分成十一級等給分，以數值掌握每種回答對題目的傾向。舉例而言，如果回答「非常願意」則為十分，如果回答「完全不願意」則為零分。零到六分的顧客屬於「批評者」，七分和八分的顧客屬於「被動者」，九分和十分的顧客則屬於「推薦者」。此外，推薦者與批評者的占比相減，就是NPS指標值。以具體數字為例，如果推薦者對全體占比為四成，批評者對全體占比為三成，則計算公式如下：

NPS＝推薦者占比（40％）－批評者占比（30％）＝10％

NPS愈高，顧客滿意度與持續光顧率即有偏高傾向，一旦高於百分之十二，則企業成長率可視為倍增。憑藉這類客觀的數值，應能把顧客滿意度更加活用於行銷之上。

3-09 員工滿意度與顧客滿意度的關係

CS將隨著ES一起提升

▼投資公司內部，藉此形成良性循環

有一種提升顧客滿意度的方法，概念為一旦提升「員工滿意度」（ES＝employee satisfaction），顧客滿意度也能隨之提升，操作模式說明如下。

打個比方來說，如果以員工餐廳加菜、舉辦員工旅遊等，落實公司福利制度，便能提升員工滿意度；一旦提升員工滿意度，員工對公司的忠誠度將隨之提升，進而提高產能；一旦提高產能，服務品質便能提升，因此顧客滿意度也隨之上揚；顧客滿意度一旦上揚，顧客忠誠度也會提升，公司業績便隨之成長。**每當提到顧客滿意度，往往著眼於外部指標，但其實也能從公司內部著手進行。**這種模式稱為「服務利潤鏈模型」（service profit chain）。如果把經由上述操作方式獲得的公司利潤，再次投資於公司內部福利的話，將可形成如左圖般的良性循環。

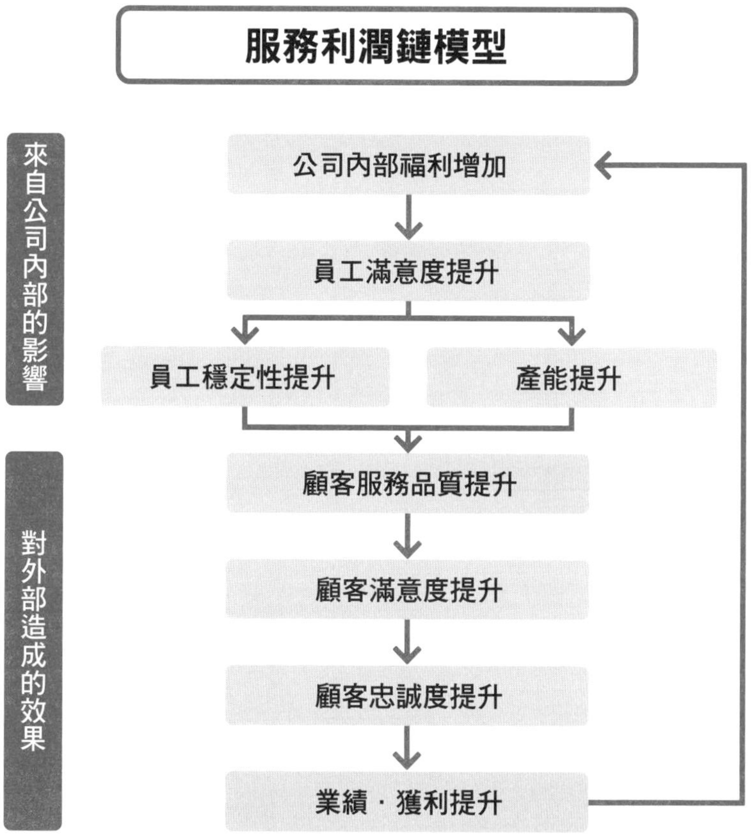
服務利潤鏈模型
來自公司內部的影響
對外部造成的效果
公司內部福利增加
員工滿意度提升
員工穩定性提升
產能提升
顧客服務品質提升
顧客滿意度提升
顧客忠誠度提升
業績・獲利提升

●關鍵重點

增加公司內部福利，藉此帶動提升顧客服務品質，
進而讓業績・獲利成長。
如果進一步把這些利潤回饋於公司內部福利上，
獲利將更加成長，形成良性循環。

3-10 於每個過程評估廣告效益

以五大階段進行檢測的DAGMAR理論

▼事先設定目標，廣告曝光後檢測效益

只要提到行銷，就與廣告脫不了關係。接下來為大家介紹幾個廣告的基本概念。一九六一年，R・H・科利（Russell H Colley）提出名為「DAGMAR理論」（Define Advertising Goals for Measured Advertising Results）的廣告效益檢測法。DAGMAR理論將廣告傳播分為「不知名」、「知名」、「理解」、「確信」、「行動」五大階段。推出廣告前，先針對每個階段設定目標，等廣告曝光後，則分析目標達成率，以此檢測廣告效益。

舉例而言，當商品處於默默無聞的「不知名」階段時，只要消費者對商品毫無所悉，這項商品等於不存在。在這個階段，必須設定目標，以了解廣告能讓多少消費者得知此項商品。同樣的道理，對於「知名」、「理解」、「確信」、「行動」各階段，也得分別設定目標，檢測廣告效益。**由於這個理論並非檢視最終業績，而是在各個階段評核廣告效益**，因此雖然屬於比較早期的理論，實務上的運用應該仍然十分廣泛。

以五大廣告傳播階段及目標，檢測廣告效益的DAGMAR理論

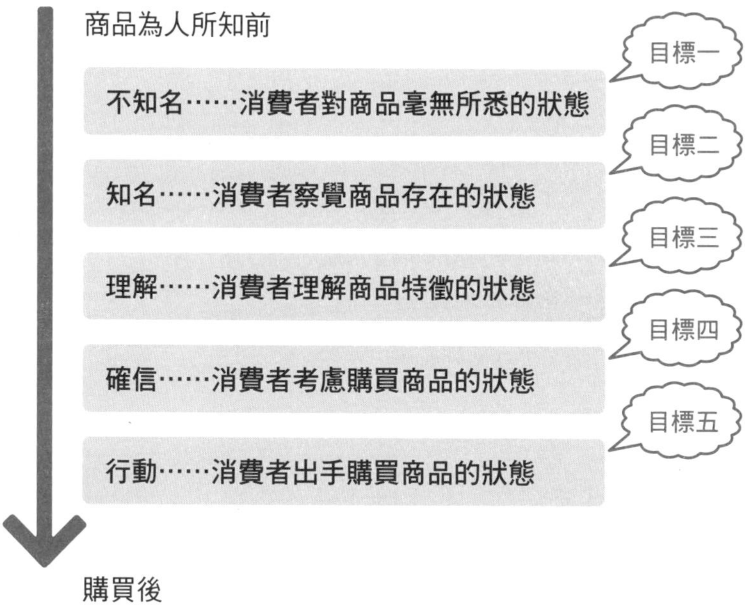
商品為人所知前
目標一
不知名……消費者對商品毫無所悉的狀態
目標二
知名……消費者察覺商品存在的狀態
目標三
理解……消費者理解商品特徵的狀態
目標四
確信……消費者考慮購買商品的狀態
目標五
行動……消費者出手購買商品的狀態
購買後

各階段的目標設定舉例

以目標二為例…… 經由廣告曝光，關於商品的特徵或優點等，消費者的理解度增加多少？

以目標五為例…… 經由廣告曝光，實際銷售量的預估值為何？

3-11 務必牢記的廣告原則

獨特銷售主張的三大原則

USP的三大原則與三大定義

「獨特銷售主張」（unique selling proposition，以下簡稱USP）被提倡於一九六一年。**這個概念也適用於現今的網路廣告，為十分普遍的概念。**

USP主張廣告有以下三大原則：

①頻繁更換廣告表現（故事性）的話，就滲透度的觀點而言，造成的負面影響幾乎等於沒打廣告。

②就算舉辦再出色的活動，只要於活動實施期間改變內容，廣告效益極可能比持續實施遜色活動的企業還差。

③出色的活動為只要商品沒退流行，就不會讓人覺得過時。

根據上述原則，USP同時提出「向消費者強調商品的優點」、「推出競爭者無法模仿的廣告內容」、「主打內容必須能吸引包含新客源在內的多數人」三大定義。

獨特銷售主張

USP＝商品具有的獨特強項

USP三大原則

原則一
頻繁更換廣告表現（故事性）的話，就滲透度的觀點而言，造成的負面影響幾乎等於沒打廣告。

原則二
即使是再出色的活動，只要頻繁更換內容，廣告效益極可能比持續實施遜色活動的企業還差。

原則三
出色的活動為只要商品沒退流行，就不會讓人覺得過時。

USP三大定義

定義一　向消費者強調商品的優點。
定義二　推出競爭者無法模仿的廣告內容。
定義三　主打內容必須能吸引包含新客源在內的多數人。

也適用於網路時代的廣告原則。

3-12 廣告效益不能單以費用衡量

著重曝光量的廣告聲量占比

▼與競爭者比較曝光占比

一般常認為廣告費愈高，廣告效益就愈高，然而廣告並非如此單純之事。舉例而言，有人認為廣告效益好壞，取決於自家商品與競爭商品間的曝光量差異，而不是以廣告投入費用的實買廣告量來評估。切勿擅自認定只要付出龐大的廣告費，就有極佳的廣告效益，**其實更重要的是，掌握自家商品在目標市場中的廣告曝光度，並且和競爭者比較曝光占比。**

自家廣告在市場中的曝光量占比，可把自家廣告量與市場總廣告量相除計算求得。所得的數值稱為「廣告聲量占比」（share of voice），只要把這個數值和競爭者相比，便能掌握彼此曝光度的差距。此時務必留意的是，就算並不屬於單純性的廣告曝光，有時也會被列入廣告聲量占比的計算。例如，商品或服務接受新聞或報章雜誌等採訪報導的公關活動，便屬於非廣告性質的媒體曝光，這種操作方式也對市占率具有影響力。

實買廣告量和曝光量的關係

×廣告效益＝實買廣告量

○廣告效益＝與競爭者相比的廣告曝光量差異

廣告效益取決於曝光量的差距

●與競爭者相比，廣告曝光量差異不大時

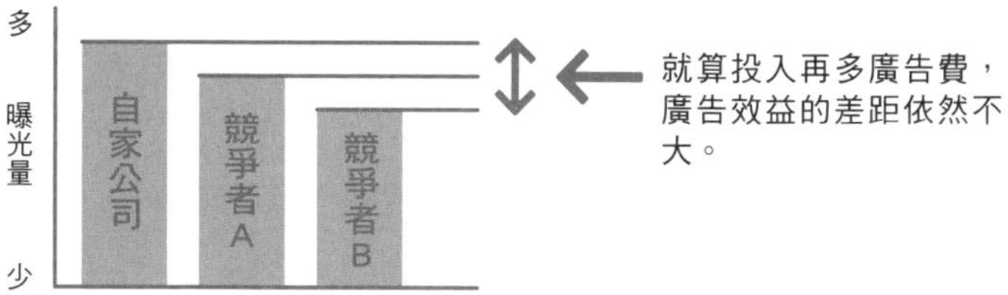
多
曝光量
少
自家公司
競爭者A
競爭者B
就算投入再多廣告費，廣告效益的差距依然不大。

●與競爭者相比，廣告曝光量差異極大時

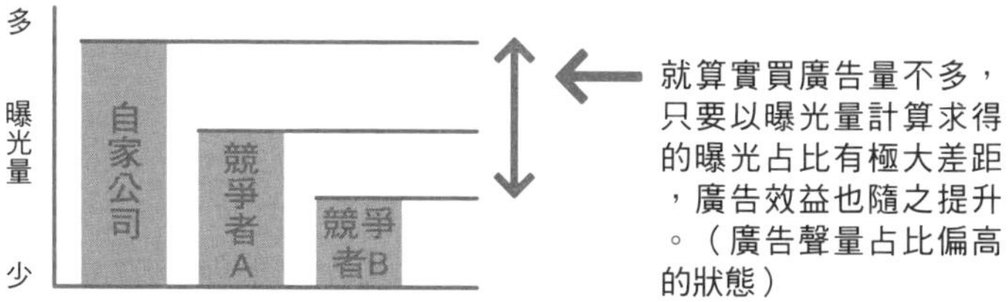
多
曝光量
少
自家公司
競爭者A
競爭者B
就算實買廣告量不多，只要以曝光量計算求得的曝光占比有極大差距，廣告效益也隨之提升。（廣告聲量占比偏高的狀態）

廣告聲量占比計算公式

廣告聲量占比（自家廣告的曝光量占比）

$$=\frac{\text{自家公司廣告量}}{\text{市場總廣告量}}$$

3-13 整合多元化的行銷理論

統括性的全方位行銷

切勿拘泥於某一種行銷理論

前文介紹了各式各樣的行銷理論，不過，**整合所有理論再展開行銷活動，而非執著於某一種行銷理論，為非常重要的事**。尤其是ＩＴ科技發展日新月異的現今，企業和顧客之間能透過網路等互相溝通交流，統括性的行銷活動更能發揮莫大的成效。科特勒曾發表「全方位行銷」（holistic marketing）的概念，提倡整合運用以下四種行銷要素：

①關係行銷……消費者（顧客）與供給者、流通業者與外部協力企業等，互相建立良好關係的行銷活動。

②整合行銷……有效活用４Ｐ或４Ｃ的行銷活動（詳述於後）。

③內部行銷……針對公司內部實施的行銷活動。

④公益行銷……把社會責任、使命納入考慮的行銷活動。

全方位行銷

運用於全方位行銷的四種行銷要素

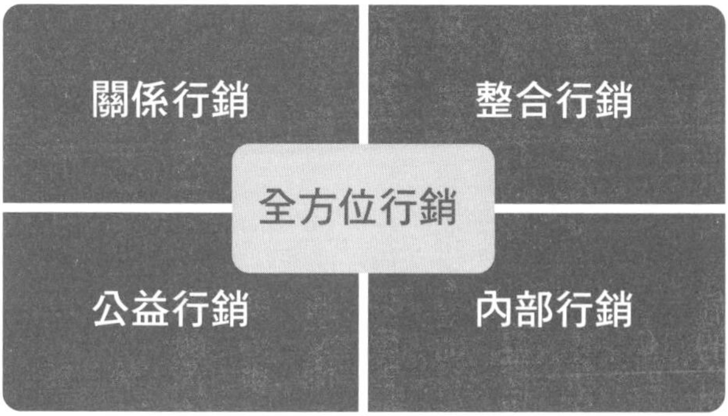

關係行銷	消費者（顧客）與供給者、流通業者與外部協力企業等，互相建立良好關係的行銷活動。
整合行銷	有效活用「產品」、「價格」等4P或「顧客價值」、「便利性」等4C的行銷活動。
內部行銷	例如，錄取可幫助公司與顧客建立信賴關係的人才等，針對公司內部實施的行銷活動。
公益行銷	例如，社會福利或社會奉獻等，把自家公司的社會責任、使命納入考慮的行銷活動。

整合四種行銷要素，提升行銷成效！

活用推廣組合

全方位行銷的構成要素之一「整合行銷」，由第三十頁介紹的４Ｐ和第三十二頁介紹的４Ｃ掌握個中關鍵。換句話說，進行全方位行銷時，也絕不能少了結合４Ｐ和４Ｃ的「行銷組合」。尤其４Ｐ的「促銷」和４Ｃ的「溝通交流」，更是重點所在。

４Ｐ的「促銷」，包括廣告、推銷、活動、公關、人員銷售、直接行銷（參閱第一百六十頁）等，把這些和４Ｃ的「溝通交流」，也就是「與顧客的對話」做有效的搭配非常重要。

此外，並不是把推銷、活動、公關等各種行銷手法切割開來，各自進行，**而是要加以組合或建立連動關係，活用以整合性推廣為目標的「推廣組合」（communication mix），如此一來，將得以期待更好的行銷成效。**舉例而言，不只透過廣告介紹商品，還要搭配活動宣傳；進行活動時，可採用人員銷售的方式，充分與顧客對話，並把試用品直接寄到有興趣的顧客家裡；甚至也能邀請媒體蒞臨活動現場，拜託他們撰寫介紹商品的新聞稿。

這種涵蓋整合行銷的全方位行銷，可說是符合現今商業交易環境的概念吧。

推廣組合

把廣告或活動加以組合，或建立連動關係後，再展開行銷！

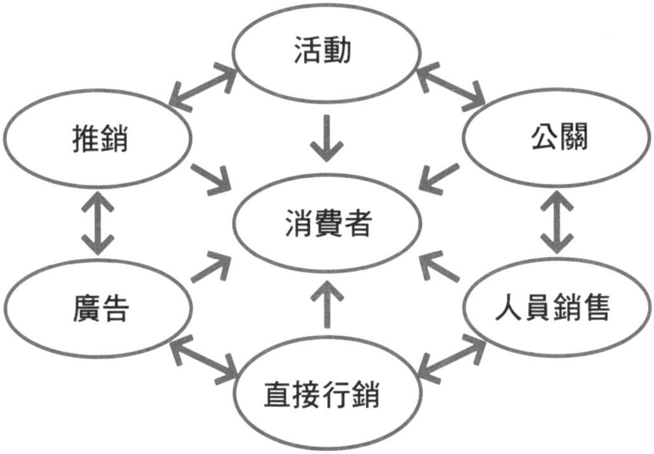
活動
推銷
公關
消費者
廣告
人員銷售
直接行銷

●推廣組合舉例（洗髮精）

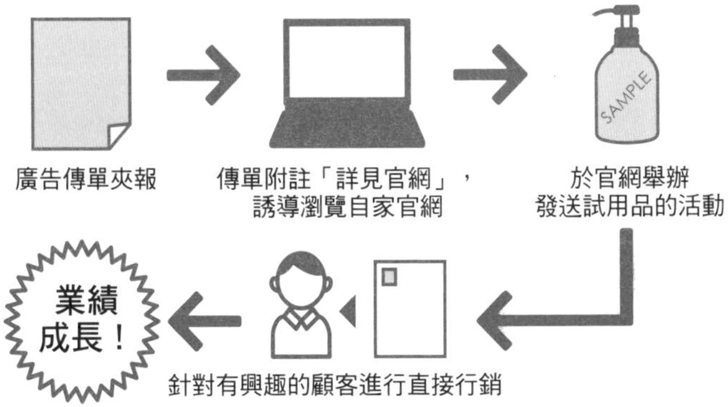
SAMPLE
廣告傳單夾報
傳單附註「詳見官網」，
誘導瀏覽自家官網
於官網舉辦
發送試用品的活動
業績
成長！
針對有興趣的顧客進行直接行銷

column

STP行銷概念
在理論形成前便已存在

STP為當今行銷活動絕不可或缺的概念，不過其實在正式展開研究前，這種行銷概念早被實際運用於企業活動中。

一九〇八年於美國上市銷售的「福特T型車」，藉由標準化作業流程的大量生產，成功讓車價降為當時汽車行情的一半。不過，到了一九二〇年代，汽車漸趨普及化，只賣同款車型給消費者的銷售手法出現隱憂。這時福特汽車的宿敵企業，也就是通用汽車，於市場中推出各式各樣的汽車。他們精準掌握到每三個家庭就擁有一輛車的趨勢，而且無論所得多寡，肯定從中衍生種種需求。通用汽車力行了著重市場區隔、選擇目標市場、市場定位的STP行銷概念，最後終於從福特手中奪下汽車產業龍頭寶座。

回顧過去的經濟史，不少成功個案的背後，都暗藏著行銷的思維。只要以行銷的觀點分析各個成功案例，應該能得到許多啟發。

第4章

開發新商品．新服務的行銷操作

4-01 新商品完成為止的過程

行銷果然不可或缺

由集結創意到商品化為止的過程

開發新商品或新服務時，實際上得經過哪些程序呢？在此以新商品為例，依序說明商品化為止的過程。

首先提出假設，集結可做為商品參考素材的創意，判別孰可活用於新商品，孰該放棄，一一進行篩選。雖然概念同時也會逐漸確立，但這時候就得擬定行銷計畫。依照行銷計畫，調查消費者的期望或需求，建立拼湊各種創意的概念。決定新商品要如何進入市場的流通相關策略時，也必須事先擬定行銷計畫。

除此之外，還要估算新商品的成本開銷及預期銷售額，然後才做出實品。接下來，則要進行市場反應測試，這也屬於行銷的範疇。**在商品實體問世之前，行銷就有存在的必要。**

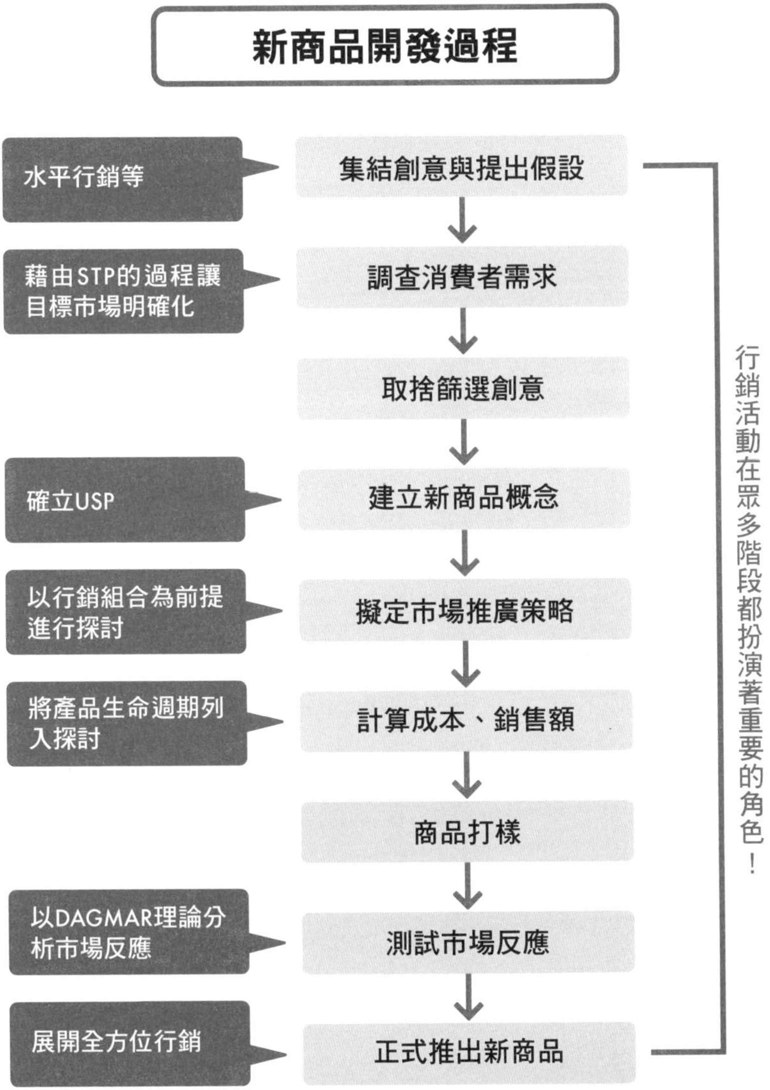
新商品開發過程
水平行銷等
集結創意與提出假設
藉由STP的過程讓目標市場明確化
調查消費者需求
取捨篩選創意
確立USP
建立新商品概念
以行銷組合為前提進行探討
擬定市場推廣策略
將產品生命週期列入探討
計算成本、銷售額
商品打樣
以DAGMAR理論分析市場反應
測試市場反應
展開全方位行銷
正式推出新商品
行銷活動在眾多階段都扮演著重要的角色！

4-02 洞悉自家公司與自家商品的未來

依據狀況，也可考慮推出新商品以外的對策

▼迎向成熟期後，必須採取進一步的措施

新商品或新服務應該何時推出呢？第六十八頁的「產品生命週期」曾經說明，**當商品迎向成熟期、衰退期後，就得針對商品改良更新、開發新市場、推出新商品進行探討**。

根據市場狀況，尋求徹底解決問題的創新思維（規劃尚未普及的商品或服務），變得有其必要。**首先，分析自家公司所在市場處於什麼樣的狀況，以及自家公司和自家商品將迎向什麼樣的未來，為相當重要的工作**。

只要相關業界或自家商品・服務，看來已缺乏報導價值，就算仍被市場需要，還是考慮一下包含創新在內的市場活化對策為宜。此外，如果打算於市場中，推出劃時代的商品或新服務，藉此讓競爭者的現有商品或服務相形之下陳腐過時，那麼無論市場能否接受，都必須由自己進行改革創新。

因應市場狀況的商品開發

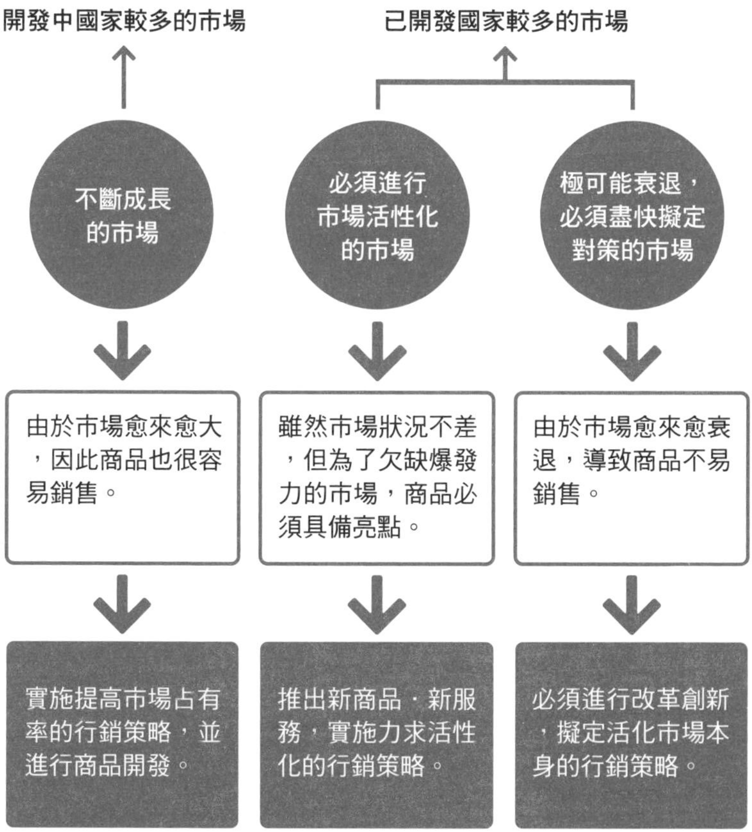
開發中國家較多的市場
已開發國家較多的市場
不斷成長的市場
必須進行市場活性化的市場
極可能衰退，必須盡快擬定對策的市場
由於市場愈來愈大，因此商品也很容易銷售。
雖然市場狀況不差，但為了欠缺爆發力的市場，商品必須具備亮點。
由於市場愈來愈衰退，導致商品不易銷售。
實施提高市場占有率的行銷策略，並進行商品開發。
推出新商品・新服務，實施力求活性化的行銷策略。
必須進行改革創新，擬定活化市場本身的行銷策略。

實施迎合市場狀況的商品開發！

4-03 創新有三大類

商品或服務將變為如此

克理斯坦森的簡易快速分類法

雖然統稱為「創新」，但想法十分多元。哈佛商學院教授克萊頓・克理斯坦森列出以下三大類型：

①動力型創新（empowering innovation）……把過去具專業性且高價的商品或服務，變成易於使用且平價，甚至創造出新的就業機會。

②持續型創新（sustaining innovation）……更新老舊的商品或服務。

③效率型創新（efficiency innovation）……更有效率地供應既有的商品或服務。

針對①，如果以曾經價格昂貴且使用難度偏高的電腦，變得平價且操作簡單的狀況為例，應該比較容易想像吧；關於②，引發油電混合動力革命的豐田 PRIUS，正是象徵性的案例；至於③，原本以活用女性業務員等方式，高度仰賴人員銷售的保險業界，漸漸出現了網路投保公司，以這種現象為例，應該就不難理解。

三種創新

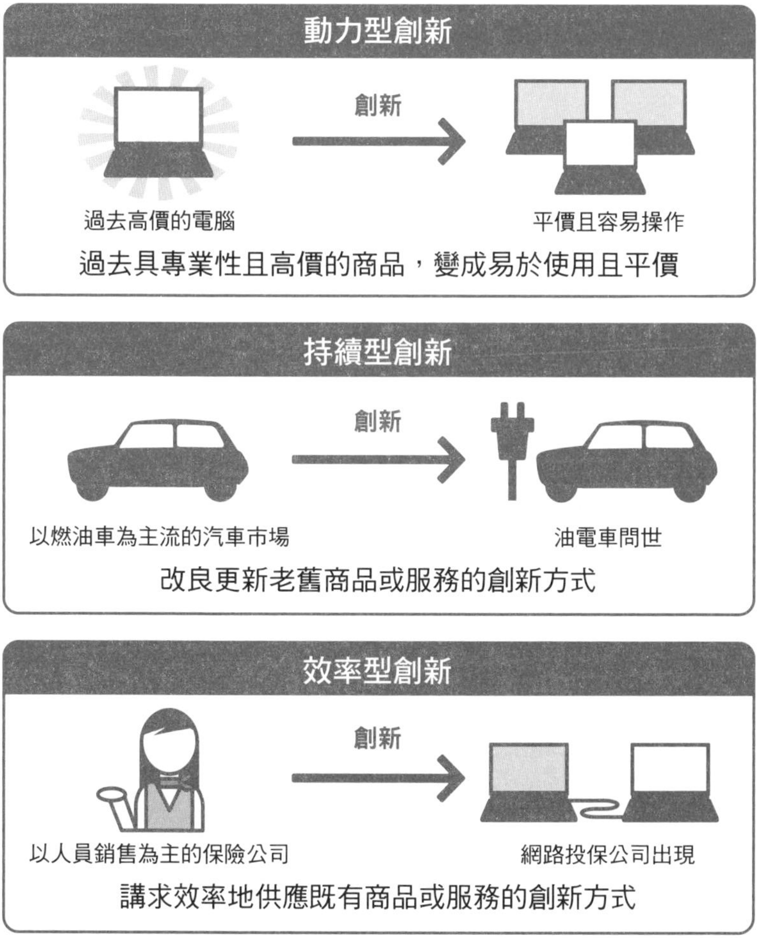
動力型創新
創新
過去高價的電腦
平價且容易操作
過去具專業性且高價的商品，變成易於使用且平價
持續型創新
創新
以燃油車為主流的汽車市場
油電車問世
改良更新老舊商品或服務的創新方式
效率型創新
創新
以人員銷售為主的保險公司
網路投保公司出現
講求效率地供應既有商品或服務的創新方式

排擠既有商品的破壞性創新

克理斯坦森指出，過去大部分的大企業，都是以再三改良既有商品的創新方式擴展事業，大幅成長。相對於此，在創新的類型中，**也存在影響否定既有商品價值的「破壞性創新」**（disruptive innovation）。

破壞性創新往往出現於初創企業等開發新技術，或是推出嶄新的服務之時，不過通常對象市場較小，剛開始對大企業而言，並沒有太大的魅力。基於此故，**大企業具有被人搶先進行破壞性創新，進軍新興市場的腳步也落後他人的傾向**。這種現象稱為「創新者的窘境」。

克理斯坦森認為大企業進行破壞性創新，總是慢人一步的原因，包括容易受制於顧客和投資人的意願、目標市場的鎖定看大不看小，以及組織缺乏彈性，對於不同性質的事業，因應能力偏低等。這些要素都將成為進行改革創新時的障礙，因此，不少大企業便陷入了除非真的走投無路，否則絕不會改走創新之路的窘境。

偏鄉的振興活化，號稱必備「外人」、「年輕人」、「與眾不同的人」三大要素，其實創新也是如此。在停滯的氛圍中，絕不可能出現創新。

破壞性創新的案例

遊戲機

遊戲機 → 手機遊戲

自從能以應用程式玩遊戲的智慧型手機問世後，原有的遊戲機市場便呈現萎縮。

音樂CD

音樂CD → 付費音樂下載

音樂市場已由購買CD的時代，進入下載音樂的時代。原有的音響及家電製造商深受影響。

筆記型電腦

筆記型電腦 → 平板電腦

自從平板電腦問世後，筆記型電腦的市場便呈現萎縮。

照相機

數位傻瓜相機 → 智慧型手機相機

自從智慧型手機內建高性能相機，原有的數位傻瓜相機市場深受影響。

4-04 難以推出新商品的原因

完成的架構成為阻礙

有時主管也會成為阻礙

「透過行銷推出新商品、新服務！」這句話說來容易，但事實上卻充滿種種障礙。推出商品或服務，然後加以流通推廣，最後賣給消費者。這一連串的動作，經過企業長年的運作，已建立出效率極高的架構。在這樣的架構中，就算運用3C、STP、行銷組合等行銷手法，多半還是侷限於既有市場的分析，真正進入新市場的情形少之又少。

如果向來的架構，已足以順利運作市場，或許無須刻意嘗試新的作業流程。此外，擬定全新的行銷計畫時，必須經過公司高層的裁決，**然而要讓這些曾以既有體制做出實績的人同意核准計畫，門檻並不算低**。一直侷限於現狀的企業無未來可言，終究還是得跨越障礙。

於新市場開發新商品的主要障礙

營運狀況良好的企業

既有的做法讓企業經營有成

↓

不願挑戰新事物

商品發展成熟時

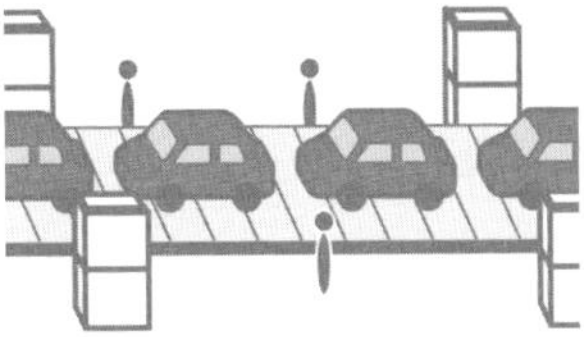

存在效率極高的架構

↓

激發不出新的構想

常見於老字號企業的狀況

緊抓著既有市場不放

↓

無法開發新市場

得經過層層裁決的大企業

連細節都得經過主管的裁決

↓

凡事進行速度緩慢

要讓這些曾以既有體制做出實績的人同意核准計畫，將成為最大的障礙！

問一聲「後果為何？」十分重要

那麼該怎麼做，公司才會採用新構想的方法論，或是進行新的行銷活動呢？頭一次接觸行銷的人，往往會根據大學教材或公司前輩傳授的知識，著手擬定行銷計畫。除此之外，也會參考其他公司的提案或企劃案，學習分析的觀點，不過單憑依循理論或方法論，自己的觀點將與其他行銷企劃人員雷同。深信只要實踐既有的理論，便能得到理想結果的人，沒想到竟然不少。

在日新月異的商業交易環境中，每天得找出問題所在，並尋求最妥切的解決方法，不過能提供相關指導的教戰手冊並不存在，因此凡事都必須以自己的方式，全力追根究柢。

值得推薦的具體做法之一，就是時時心存疑問：「後果為何？」打個比方來說，從「少子高齡化」一詞解析社會結構的變化時，一般只想到「孩童減少，老人增加」，然而專業的行銷企劃人員，卻會聯想少子高齡化將導致未來可提領的年金減少；年金一旦減少，退而不休的人將隨之增加；年輕人減少的話，企業就得雇用高齡者……。換句話說，他們總會接二連三地提問：「後果為何？」藉此掌握後續可能產生的變化或需求。如此一來，就能從表面粗淺的分析，漸漸深入產生新構想的核心部分。

專業行銷企劃人員的思考推演

少子高齡化成為社會問題

↓

問題	推演
高齡化日益嚴重的話，後果為何？	由於高齡者增加，年輕人減少，因此未來的年金給付額將會減少。
年金給付額減少的話，後果為何？	由於光靠年金無法生活，因此就算超過六十五歲，仍有工作的必要。
企業該怎麼辦？	由於少子化導致勞動力不足，因此增加高齡者的雇用。
企業積極雇用高齡者的話，後果為何？	打算工作到年金全額給付下限年齡的高齡者增加。
打算工作的高齡者增加的話，後果為何？	企業當中形成以低薪雇用技術勞工的環境。
雇用技術勞工的環境一旦形成，後果為何？	社會須備妥針對高齡者的教育機構或工作規劃。

換句話說，服務高齡勞工的需求增加！

4-05 打破固有觀念高牆的行銷

不受限於既有市場的創意非常重要

垂直行銷與水平行銷

活用過去提倡的行銷理論，根據邏輯解決問題的手法，稱為「垂直行銷」（vertical marketing）。所謂「垂直」，就是遵循自古以來世人公認的理論或方法論，依序執行「①分析問題」、「②提出假設」、「③擬定對策」各個步驟。當營運狀況良好時，這種行銷手法的確成效不錯，**然而如果市場趨於成熟，以至於某種制度顯現疲態時，跳脫既有框架的創意思考則變得十分必要。**

想要打破眼前停滯狀況時，不妨活用「水平行銷」（lateral marketing）。水平行銷的操作，通常直接由「提出假設」切入。此時可聚焦於「創造新市場」或「開發新商品」等議題，激盪創意，再把這些創意淬鍊成種種形式。具體的操作步驟將詳述於後，只要採用這種行銷手法，便不會被既有市場的分析結果侷限，得以提出劃時代的創意構想。

垂直行銷的操作步驟

以商品銷售情形每況愈下的食品製造商為例

①分析問題

- 自家公司具有飽足感的商品人氣下滑
- 一般大眾的喜好變成健康取向
- 針對既有銷售通路或商品，必須思考補救措施

②提出假設

- 是否推出迎合健康取向的商品？
- 打入量販店或超市體系

③擬定對策

- 針對銷售通路的計畫……向量販店或超市提出健康訴求活動方案
- 針對商品的計畫……改良既有商品，於賣場推出低卡路里的新商品

如果商品或市場仍充滿活力，這種行銷概念效果不錯，不過要是市場處於成熟商品飽和的狀態，則恐怕成效不彰。

↓

基於此故，切勿由既有銷售通路或商品的分析著手規劃，務必採取聚焦於新市場、新商品的行銷手法！

4-06 以水平思考激發全新構想

水平行銷的三個步驟

以六種視角解決問題

水平行銷刻意以非邏輯性的思維，跳脫固有觀念的框架，想出全新的解決方法。所謂「非邏輯性的思維」，或許難以想像理解，其實就是透過「水平思考」，稍微偏離或重組向來的想法，便能發現新的切入方式。具體來說，必須執行以下三個步驟。

第一步為決定水平思考的實施對象。例如開發新商品時，可聚焦於「商品」、「包裝」、「品牌」等。第二步則採用水平思考，讓聚焦的事物跳脫邏輯性的思維。

水平思考的關鍵，包括「取代」、「結合」、「調整」、「去除」、「強化」、「重新排列」等全新視角。至於第三步，就是把經由水平思考產生的構想加以琢磨，讓對策淬鍊到能讓商品上市銷售為止。

水平行銷的操作步驟

①提出假設

STEP1……聚焦

（例1）創造新市場時

聚焦　市場　目標客層

（例2）開發新商品時

聚焦　商品　品牌　包裝

聚焦市場、目標客層、包裝、商品、品牌等。

STP2……進行水平思考

- 取代　有什麼能取而代之？
- 結合　能結合其他要素嗎？
- 調整　能帶來相反的意義嗎？
- 去除　能排除缺點嗎？
- 強化　能強調優點嗎？
- 重新排列　可以改變順序嗎？

針對STEP1
聚焦的對象，
探討能否
「取代」、「結合」
……等。

②擬定對策

STEP3……串聯

針對STEP1聚焦的對象，運用STEP2的「取代」、
「結合」等要素進行水平思考，
再把經由水平思考產生的構想加以琢磨，最後擬定策略。

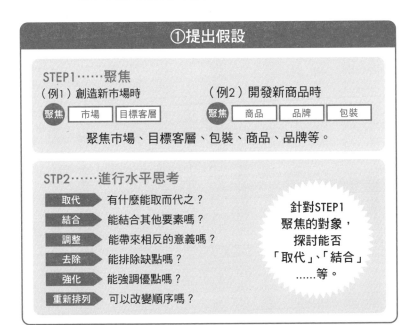

學習辦公室固力果的水平思考

水平行銷最經典的參考範例，就是江崎固力果公司（Ezaki Glico Company，日本大型糖果糕點公司）推出的無人零食箱服務「辦公室固力果」。這個案例就是於提出假設的階段，**聚焦於「辦公室的零食販賣」，然後展開各式各樣的水平思考，最後成功開創出新市場**。

固力果把無人零食箱視為幫助員工於工作或加班時，進行最後衝刺的工具，將吃零食的行為，定義成「充電提神」（強化思維）。由於大樓多有門禁管制，難以進行辦公室的銷售拜訪，於是固力果改變做法，採用替「充電零食箱」補貨的方式，以進出大樓不受管制的送貨名義，登門造訪客戶（取代思維）。充電零食箱的構想來自於農家的無人商店，收費方式為購買者把錢丟進青蛙造型存錢筒就行了（結合思維）。由於銷售對象就是在同一間辦公室上班的員工，因此成交率極高（調整思維）。至於充電零食箱的設計，是以藍色為基本色調，與辦公室的色系十分協調，一掃在職場中吃零食的負面印象（去除思維）。此外，提供的商品並非一成不變，而是以每週補貨一次為目標，設法於三週內將商品全數更換完成（重新排列思維）。看到固力果如此精心規劃，究竟水平思考的彈性思維有多麼重要，想必大家已從中瞧出端倪。

辦公室固力果推出為止的過程

①提出假設

STEP1……聚焦

考慮創造新市場

聚焦「在辦公室
販賣零食」的事業！

STP2……進行水平思考

- 取代：探討設置取代賣場的「充電零食箱」
- 結合：活用無人蔬菜商店和青蛙存錢筒的構想
- 調整：使用者為特定對象，因此預估成交率極高
- 去除：費心讓零食箱融入職場當中，力求一掃負面印象
- 強化：強調吃零食屬於「充電提神」
- 重新排列：為了確保新鮮感，規劃適度的商品更換

②擬定對策

STEP3……串聯

「充電零食箱」共備貨二十四包零食，
購買者可自行挑選愛吃的零食，然後把錢丟進青蛙造型
的存錢筒中。業務員每週會來補貨一次，
並回收銷售款項。

4-07 開拓新通路吧

有銷售場所，新商品才有生機

確認通路的未來性

考慮開發新商品時，不妨同時著手通路的規劃。就算開發出的商品具有劃時代的意義，要是缺乏適當的通路，一樣與成功無緣。

雖然統稱為「通路」，但其實類型相當多元。除了百貨公司、超市、便利超商、購物中心等五花八門的通路外，近年來，虛擬商店和電子商務也呈現大幅的成長。此外，透過O2O（第二百四十四頁）或全通路（omnichannel，整合實體店面或網路商店等的通路）進行直接行銷的製造商也為數不少。

在這樣的狀況下，大家不妨多費點心思，判斷自家公司的通路於現在或未來，是否有成長的可能性。只要通路的來客數或營業額增加，商品經銷商的業績也能跟著水漲船高。然而，**如果被迫開發與過去不同路線的新商品，則通路本身多半反應冷淡。**

著手規劃一併考慮通路的行銷活動，進而開創自己的市場，至關重要。

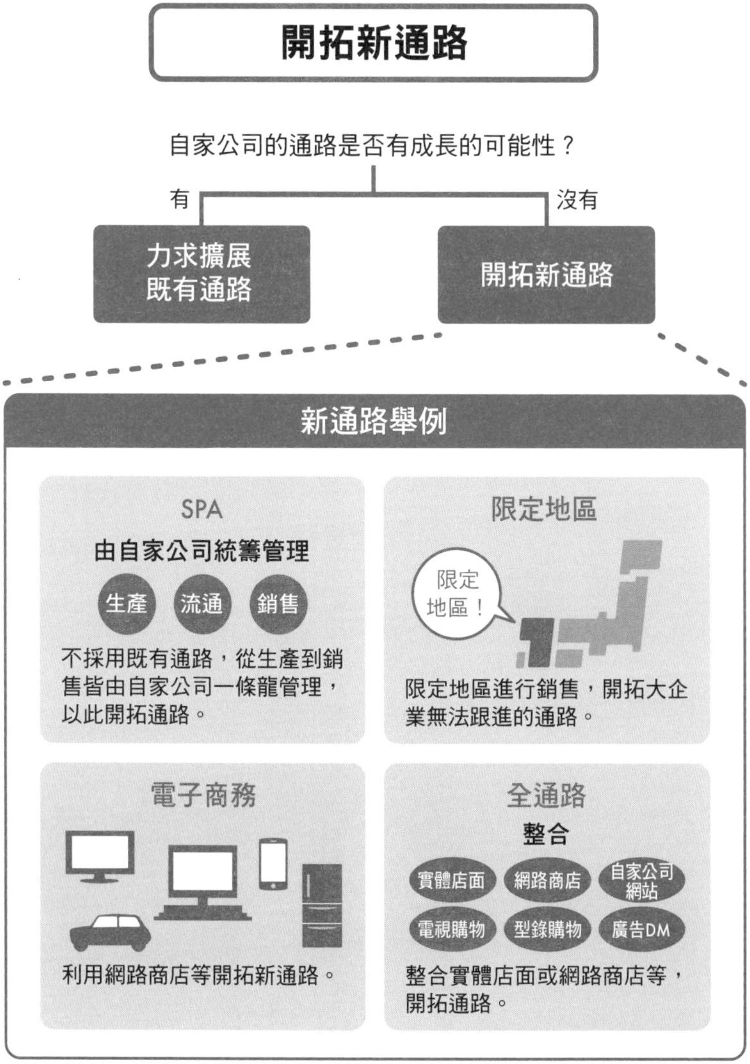
開拓新通路
自家公司的通路是否有成長的可能性？
有
沒有
力求擴展既有通路
開拓新通路
新通路舉例
SPA
由自家公司統籌管理
生產
流通
銷售
不採用既有通路，從生產到銷售皆由自家公司一條龍管理，以此開拓通路。
限定地區
限定地區！
限定地區進行銷售，開拓大企業無法跟進的通路。
電子商務
利用網路商店等開拓新通路。
全通路
整合
實體店面
網路商店
自家公司網站
電視購物
型錄購物
廣告DM
整合實體店面或網路商店等，開拓通路。

4-08 嘗試加入遊戲元素

將遊戲化運用於行銷之中

▼商業領域外也存在靈感來源

近年來，有些屬於商業領域外的概念，也被運用於新商品或新服務的開發上。當中最具代表性的例子，就是從二〇一一年左右，便常聽媒體提到的「遊戲化」（gamification）。**只要把遊戲元素加進商業領域中，新商品或新服務將應運而生。**

舉例而言，耐基（NIKE）便運用遊戲化，推出名為「Nike＋」的服務。使用這項服務，可藉由錶型裝置或慢跑鞋內附裝置，自動測量運動消耗的卡路里或移動距離等數據，並上傳雲端。如此一來，不僅能深刻感受自我設定目標的達成度，還能透過臉書等和朋友比賽較勁，把遊戲的感覺融入運動中。

不只是遊戲化而已，只要同時著眼於商業領域外的概念，應能獲得開發新商品的靈感。

遊戲化舉例

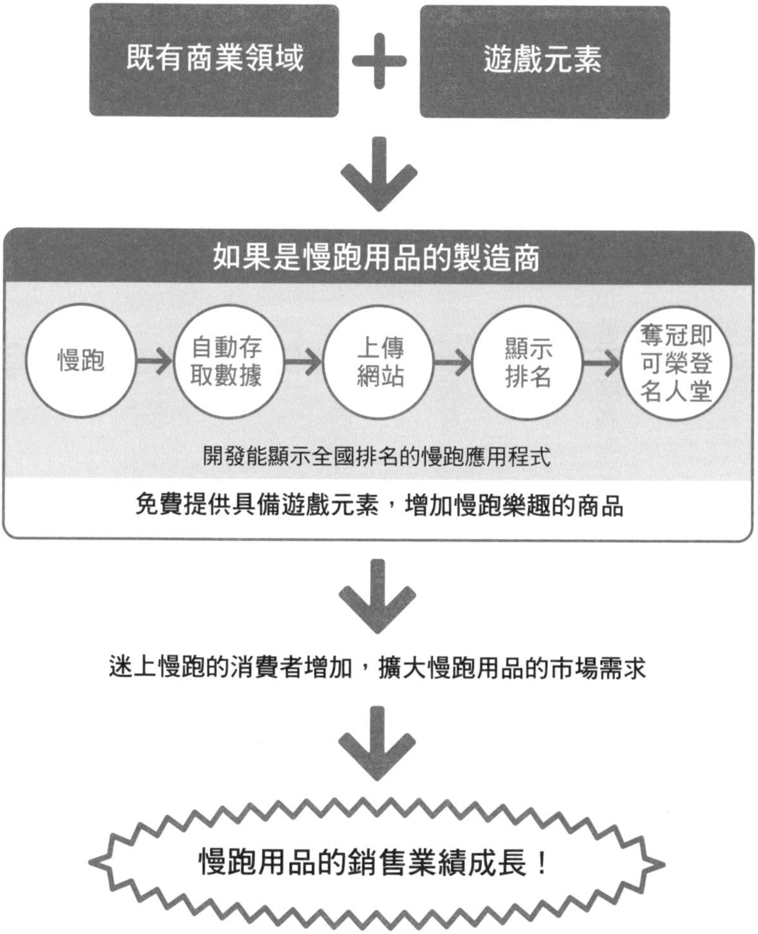
既有商業領域
遊戲元素
如果是慢跑用品的製造商
慢跑
自動存取數據
上傳網站
顯示排名
奪冠即可榮登名人堂
開發能顯示全國排名的慢跑應用程式
免費提供具備遊戲元素，增加慢跑樂趣的商品
迷上慢跑的消費者增加，擴大慢跑用品的市場需求
慢跑用品的銷售業績成長！

4-09 新商品如何定價？

判斷基準為「成本」、「競爭」、「需求」

▼價格設定為決定獲利的重要關鍵

開發新商品時，價格設定為左右獲利的重大要素。至於應該如何定價，方法之一便是**著眼於「成本」、「競爭」、「需求」三者任何一項。**

著眼於成本時，似乎多以製造花費外加自家公司利潤，當作商品的價格。然而，利潤的設定只考慮到公司自身的狀況，因此不易反應消費者意識為這個方法的缺點。

著眼於競爭時，如同字面意義，就是參考競爭者的價格後，再決定金額。無法與競爭商品進行差異化時，多半會設定幾乎一致的價格，雖然難有勝算，不過也不至於輸對方太多。

著眼於需求時，必須預測消費者願意掏錢購買的價位水準，再據此決定價格。這種顧及消費者感受的價格設定，雖然有時獲利不小，但反觀也有可能幾乎毫無獲利。

價格設定的視角

著眼於成本

價格計算的思考邏輯
成本＋利潤＝價格

以自家公司狀況為優先考慮的價格設定

●優點
可反應該項商品的期望獲利。

●缺點
未反應消費者意識，因此可能與消費者的期望價格產生落差。

著眼於競爭

價格計算的思考邏輯
自家公司價格＜其他公司價格

以不輸給對方為優先考慮的價格設定

●優點
可設定低於其他公司的價格，因此競爭力相對提升。

●缺點
如果成本偏高，價格偏低，極可能變成毫無獲利的價格設定。

著眼於需求

價格計算的思考邏輯
消費者意識＝價格

以適合消費者的價位為優先考慮的價格設定

●優點
設定的價格完全符合需求，有時也會因此獲利龐大。

●缺點
萬一錯估消費者的期望價格，可能導致商品滯銷。

4-10 留意價格的「彈性」

降價有效的商品，與降價效果不彰的商品

▼掌握隨商品不同的彈性差異

就算商品價格已定，也必須因應狀況進行調整。一旦受到物價、原物料價格、供需平衡等各種因素的波及，就得配合漲價或降價。

一般總認為降價幅度愈高，商品便賣得愈好，其實價格造成的影響，因商品而有極大的差異。一旦降價，有些商品隨即大賣，但也有些商品的銷售狀況毫無起色。**因降價而變得暢銷的情形稱之為「價格彈性高」，反之，對降價無動於衷的狀況，則稱為「價格彈性低」**。

以食品為例，超市中的零食特惠包等一旦展開低價促銷，有些人就算沒有馬上食用的打算，也會不假思索地拿起來丟進菜籃。相對於此，米類或麵包等縱使展開低價促銷，可能也無法吸引消費者瘋狂採買。一般來說，生活必需品的價格彈性較低，嗜好品的價格彈性較高。此外，是否能長期保存，也會左右價格彈性。

價格彈性的思考邏輯

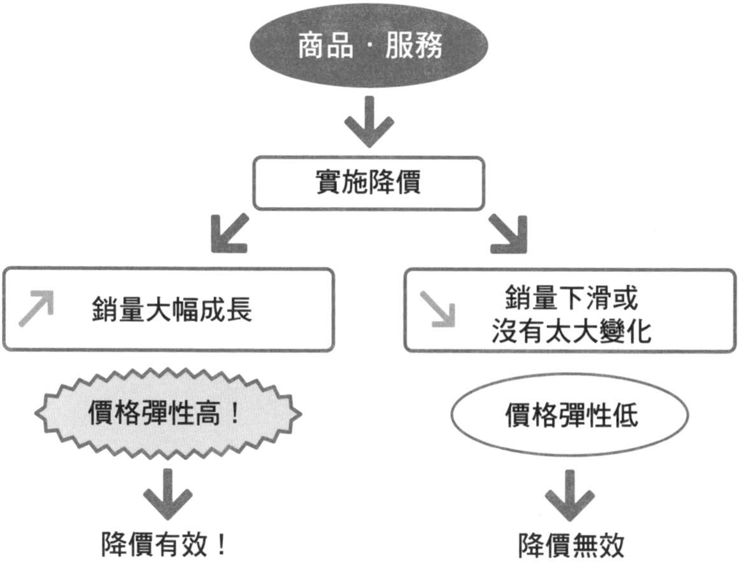

價格彈性	商品特徵	主要商品
高	多為嗜好品	汽車、高檔家具、照相機、零食、菸酒等
低	多為生活必需品	衛生紙、清潔海綿、洗髮精等

洞悉價格彈性，進行降價評估！

4-11 導入期效果顯著的兩種價格設定

高瞻遠矚的吸脂定價法和滲透定價法

選擇吸脂，還是滲透

制定新商品的價格時，有兩種務必探討的定價方式，就是「吸脂定價法」（skim pricing）和「滲透定價法」（penetration pricing）。

正如字面意義，「吸脂定價法」就是以吸取上層油脂為目的的價格設定。市場上的「油脂」，是指生活富裕者或創新者。商品導入市場期間，就算價格設定偏高，只要鎖定喜好新鮮事物的客層，銷量勢必能達到一定水準。這種定價方式不僅能期待較高的獲利，萬一有其他競爭者加入，只要降價便能抗衡。例如ＩＴ機器等，起初只生產高階昂貴的機型，隨後則推出壓低價格的入門機，這正屬於「吸脂定價法」的思考邏輯。

相對於此，**「滲透定價法」也如字面意義，為了讓新商品盡快滲透市場，價格設定以低價求售為宗旨。**思考邏輯為就算獲利不高，也要盡早搶奪市占率，藉此建立優勢。

商品導入期的兩種價格策略

吸脂策略

鎖定生活富裕者．創新者的價格設定

價格設定的思考邏輯

●導入期
設定為高價位，以生活富裕者或創新者為客層對象。

●競爭者加入後
降低價格，對抗競爭者。

●優點
平均每位顧客創造的利潤極大，就算有他人跟進，也很容易因應。

●缺點
由於以生活富裕者或創新者為客層對象，顧客人數將愈來愈少。

目的　於難以獲利的商品導入期，把價格設定於生活富裕者或創新者可能購買的高價位，藉此創造利潤。

滲透策略

讓商品滲透市場為主要訴求的價格設定

價格設定的思考邏輯

●導入期
設定為低價位，藉此擴大市場占有率。

●競爭者加入後
由於價格偏低，競爭者加入的難度增加。

●優點
得以盡快於市場卡位。對競爭者而言，廉價成為加入的阻礙。

●缺點
一旦設定為低價位，將難以調漲。

目的　以能夠一鼓作氣地提高市占率，同時競爭者難以跟進的價格設定，提高自家商品的銷售額。

4-12 讓消費者感到超值的價格為何？

包含尾數價格在內的定價技巧

所謂能讓消費者掏錢的價格設定，究竟是什麼樣的價格呢？**與其胡亂降價，還不如以消費者的心理為訴求進行調降，為十分重要的原則。**

也不能胡亂降價

常見的做法為「尾數價格」。日常生活中進行採購時，經常看到一萬九千八百日圓或九十八日圓等，這類帶有零頭的價格。這是把兩萬日圓或一百日圓等整數金額做微幅調降，藉此展現超值感的手法。

另有一種價格策略是採用刻意不降價的「名聲價格」。例如，名牌精品或珠寶等，由於價格本身即為品質的參考基準，因此一旦降價，有時會造成反效果。

還有一種配合消費者習以為常的價格進行設定的「習慣價格」，例如，罐裝咖啡平均每罐一百三十日圓，這種價格雖然難以調漲，不過調降的壓力也不大。

除此之外，也有分別針對特等、上等、中等各種選項設定價格的「階段式價格」，以及設定為極端的高價或低價，藉此加深消費者印象的「差異化價格」等。

價格設定的技巧

尾數價格

9,800日圓　1,980日圓　98日圓

相較於整數金額，不如小幅下修，藉此突顯超值感。

名聲價格

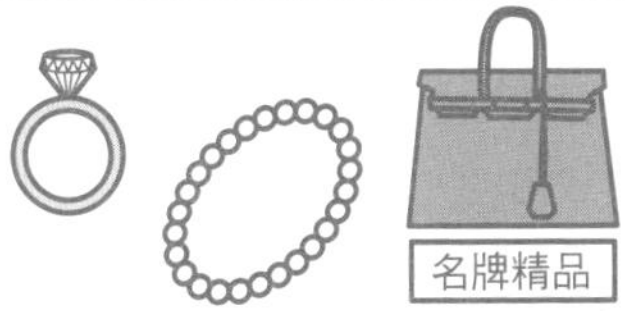
名牌精品

價格本身即為品質參考基準的商品，一律設定為高價位。

習慣價格

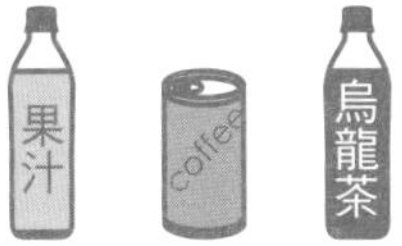
果汁
coffee
烏龍茶

130日圓

設定為一般習以為常的價格，調降壓力不大為特色所在。

階段式價格

特等　上等　中等

5,000日圓　2,000日圓　980日圓

分別針對各種選項，設定階段式的價格。

差異化價格

音樂會貴賓席／
3萬日圓
特惠品

30,000日圓　9,800日圓

例如貴賓席或特惠品等，訴求特殊印象的價格設定。

運用各種價格設定的方法，訴求消費者的心理，十分重要。

4-13 牢記「服務」的特徵

具有無形性等一般商品沒有的特性

以4P加3P的7P展開行銷

經由前述說明，想必各位已經掌握商品開發的行銷概略，接下來為大家解說關於服務的行銷。

和商品相比，服務的特徵包括不具形體而無法識別的「無形性」、連結生產和消費的「同步性」及「不可分割性」、品質無法標準化的「異質性」、無法加以保存的「易逝性」等。由於服務無法如商品一般拿在手上，或當成工具長久使用，因此每次提供服務的當下，如何讓顧客有感，將是關鍵所在。基於此故，「提供服務的人」、「提供服務的環境」，以及「規劃服務時的方針或步驟」等，便顯得十分重要。

進行行銷組合時，**應該把人員（participants）、有形展示（physical evidence）、服務規劃過程（process of service assembly）的三個P加入4P中成為7P**，以此探討行銷策略。

服務相較於商品的特性

無形的服務，具備有形事物缺乏的特性

無形性……不具形體、看不到、摸不到。

同步性……生產與消費同時發生。

不可分割性……無法分割生產與消費。

異質性……無法讓品質標準化。

易逝性……無法保存。

根據上述特性，
實施4P加3P的「服務行銷組合」。

4P

產品 product	促銷 promotion
價格 price	通路 place

＋

3P

人員 participants
提供服務的人・得到服務的人・其他工作人員或顧客等

有形展示 physical evidence
素材・顏色・照明・溫度等

服務規劃過程 process of service assembly
方針或步驟・生產或交貨的管理・教育或獎勵制度等

4-14 服務分類

可分為無形行為與有形行為兩大類

▼透過分類，將能釐清服務規劃的重點

關於服務，我再說明得深入一些吧。服務的內容，可分為無形行為與有形行為兩大類。

所謂無形行為，例如銀行、保險等針對無形資產的服務，或是教育、劇場等針對人心的服務；所謂有形行為，例如推拿按摩中心、美容院、餐廳等針對人體的服務，或是搬貨、修理機器等針對物體的服務。如果用這些例子想像，應該不難理解。

提出這個服務分類法的克里斯多福・洛夫洛克（Christopher H. Lovelock，美國著名服務行銷大師），另外還提倡**「與顧客的關係」**、**「提供服務時的個別化程度及對於判斷力的仰賴度」**、**「針對服務的提供，需求本身的變化或特質」**、**「提供服務的方法」**等分類方式。詳細說明請參照左圖，當自家公司打算推出新服務時，只要根據這些分類法仔細分析，將能釐清服務規劃的重點。

分析服務時的檢視項目

只要依循下列項目，檢視自家公司的服務性事業，
將能釐清應把哪個領域當成優勢，以及如何展開服務的規劃。

與顧客的關係

- □顧客是否已成為會員？還是尚無任何形式上的關係？
- □服務的提供是否屬於持續性？還是每次都是單次性？

提供服務時的個別化程度及對於判斷力的仰賴度

- □服務內容的客製化程度偏高？還是偏低？
- □針對個別需求，委由服務提供者處理的仰賴度偏高？還是偏低？

針對服務的提供，需求本身的變化或特質

- □隨著時間的流逝，需求的變化偏大？還是偏小？
- □即使遇上忙碌的尖峰，也能毫無延誤地滿足需求嗎？還是難以滿足？

提供服務的方法

- □提供服務的地點為只有一處，還是多處？
- □顧客自行前來接受服務，還是由服務提供者造訪顧客？
- □顧客和服務提供者是否面對面？
（網購或郵購等交易模式，便屬於沒有面對面的例子）

4-15 服務是一場與時間的競賽

決定企業形象的「真實瞬間」

短暫的接觸時間將左右印象好壞

服務屬於提供和消費同時發生，顧客和服務提供者交流接觸的時間和場所，為行銷活動中最應該重視的部分。顧客和服務提供者相遇的場所，或是提供服務的場所，稱之為「服務接觸」（service encounter）。

「服務接觸」也稱為「關鍵時刻」。這是引用自北歐航空（Scandinavian Airlines，以下簡稱為SAS）集團社長兼執行長，詹・卡爾森（Jan Carlzon）自傳《關鍵時刻》（*Moments of Truth*）的詞彙，書中介紹的SAS待客服務，充分展現「服務接觸」的本質。SAS根據一九八六年訪查一千萬名乘客的結果，發現每位乘客大約會接觸到五名SAS員工，平均每次的接觸時間為十五秒。SAS認為企業形象好壞，正取決於這十五秒內的顧客感受，因此由這個觀點展開各項經營改革，結果未滿一年，SAS就從原本深陷財務危機的狀況中翻身，順利完成班機準點率等的大幅改善措施。

服務接觸的發現

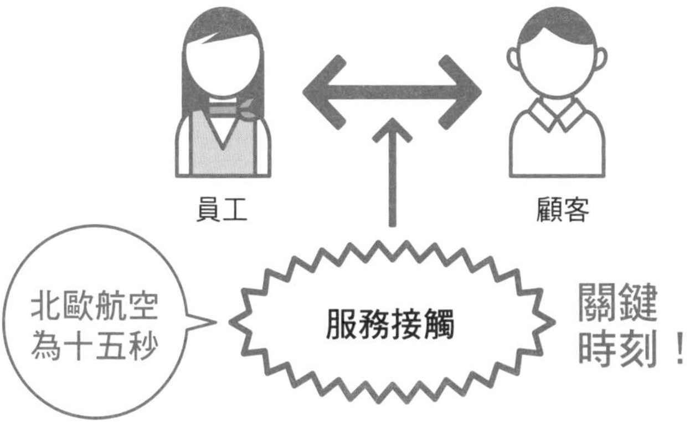
員工
顧客
北歐航空
為十五秒
服務接觸
關鍵
時刻！

著眼於員工和顧客的接觸場面，藉此改善業績。

使用電子商務時

重視「服務接觸」的案例

十分容易
操作！

重視電子商務的簡單便利，讓消費者易於操作。

未活用「服務接觸」的案例

很難
操作……

無視電子商務的簡單便利，結果用戶沒有增加，業績也沒有成長。

十五秒準則在電子商務領域也相當有效！

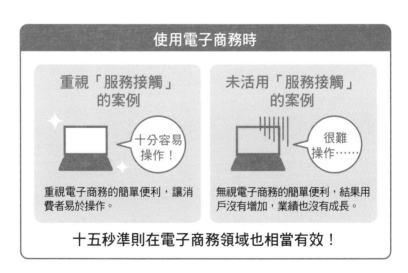

▼活用服務接觸的五個要點

秉持服務接觸的概念執行行銷活動時，必須注意哪些事項呢？重點列舉如下：

①時間的管理……所謂時間的管理，包含十五秒「關鍵時刻」在內，除了如何於有限的時間內展現服務熱誠外，還得落實供需相互配合的管理，例如旺季漲價、淡季降價。

②參與的程度……除了由服務提供者執行所有服務的完全服務外，也可考慮提供由顧客自理的自助式服務。

③學習……顧客一旦習慣了所提供的服務，他們的感受也會隨之改變，因此可將服務方式區分為新顧客適用及老主顧適用，取得成本和顧客滿意度之間的平衡。

④安心・安全・舒適・容易操作……顧及生產和消費的同步性，打造兼顧服務提供者和顧客雙方舒適性的環境。

⑤適質適量的溝通交流……為了探知顧客真正的想法，力求適質適量的溝通交流。

不只是改善服務的時候，開發新服務時，也務必牢記上述五個要點。

五種「服務接觸」活用法

配合服務特性，改變活用方式吧！

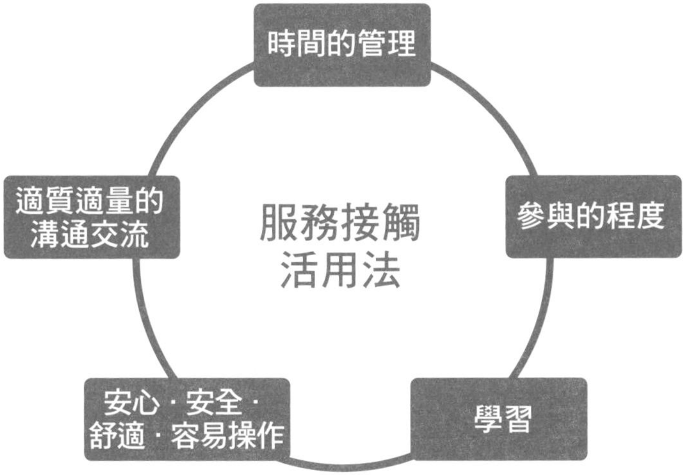

時間的管理	如何販賣時間的觀點。例如，因應淡旺季調整價格的手法等。
參與的程度	因應價格改變服務方式。例如，降低價格，改為自助式的手法等。
學習	讓顧客習慣自家公司的服務。例如，把服務區分為新顧客適用和老主顧適用的手法等。
安心・安全・舒適・容易操作	顧及生產和消費的同步性，打造兼顧服務提供者和顧客雙方舒適性的環境。
適質適量的溝通交流	為了探知顧客真正的想法，保持適切的溝通交流，以建立彼此的良好關係。

4-16 以顧客觀點填補差距

以SERVQUAL模式進行檢視

▼服務提供者難以客觀立場評價品質

就算自詡服務十分周到，但只要與顧客期望有所差距，就不算好的服務。縱然是規劃得相當細膩的服務，也常在意想不到的環節無法滿足顧客的期望。要由提供服務的一方，從顧客的角度評價服務品質並不容易。針對顧客服務評價加以模式化的「SERVQUAL模式」，認為服務提供者和顧客之間，存在五種差距，擷取其中幾個重點如下：

- **顧客期待的服務，與經營者認知的內容有所不同所產生的差距**
- **服務的品質或順序等，與經營者想像的層次有所不同所產生的差距**
- **實際提供的服務，與廣告等宣傳內容有所不同所產生的差距**

留意以上各項重點，填補顧客抱持的「期待」，與實際接受服務後的「體驗感受」之間，所產生的差距，設法讓顧客的體驗感受超越原本的期待，為十分重要的原則。

SERVQUAL（差距）模式

●檢測服務品質的模式

品質
（Quality）
服務
（Service）
服務品質的
檢測標準
SERVQUAL

●顧客期待與實際服務之間存在差距

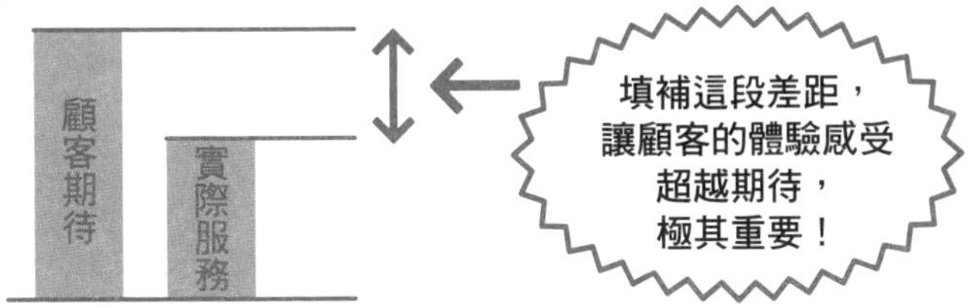
顧客期待
實際服務
填補這段差距，
讓顧客的體驗感受
超越期待，
極其重要！

●顧客與服務提供者之間存在五種差距

差距一	經營者想像的顧客期待與顧客實際的期待，彼此之間的差距。
差距二	雖然經營者正確掌握顧客期待，但卻沒反映於實際服務中的差距。
差距三	提供的服務與經營者想像的服務品質，彼此之間的差距。
差距四	經由廣告等事前告知顧客的內容，與實際提供的服務內容，彼此之間的差距。
差距五	差距一到四的各種狀況中，顧客期待的服務與實際得到服務後的印象和體驗有所落差。

應從顧客角度檢視的要素

不妨運用SERVQUAL模式倡導的檢視項目，實際由顧客的角度評價服務品質吧。請試著確認以下十項要素：

①有形性……設施內裝・外觀及員工儀容等感覺如何？
②可靠性……有遵守約定嗎？能否信任？
③反應性……工作人員是否立即提供服務？
④溝通性……有沒有為顧客提供資訊？是否仔細聆聽顧客意見，並一一給予最恰當的回應？
⑤信用性……是否優先考慮顧客的利益？值得仰賴嗎？
⑥安全性……有沒有令顧客擔心的事？是否令顧客感到危險？
⑦勝任性……工作人員是否具備提供服務所需的知識或技能？
⑧禮貌性……有沒有破壞氣氛的事？服務是否貼心？
⑨了解性……是否致力理解顧客的期望？
⑩接近性……是否位於便利的地點？能否立即取得聯繫？

因公司經營領域不同，服務的要點也有所差異。如果能找出與自家公司的服務較有關連的項目，然後由顧客的角度進行品質改善的話，應能成為略勝其他公司一籌的優勢。

服務品質的構成要素

SERVQUAL的檢視項目

分類	項目	說明
	有形性	設施內裝・外觀及員工儀容等感覺如何？
	可靠性	有遵守約定嗎？能否信任？
	反應性	工作人員是否立即提供服務？
保證性	溝通性	有沒有為顧客提供資訊？是否仔細聆聽顧客意見，並一一給予最恰當的回應？
保證性	信用性	是否優先考慮顧客的利益？值得仰賴嗎？
保證性	安全性	有沒有令顧客擔心的事？是否令顧客感到危險？
保證性	勝任性	工作人員是否具備提供服務所需的知識或技能？
共鳴性	禮貌性	有沒有破壞氣氛的事？服務是否貼心？
共鳴性	了解性	是否致力理解顧客的期望？
	接近性	是否位於便利的地點？能否立即取得聯繫？

以上基準有助於由顧客的角度進行品質改善，進而略勝其他公司一籌。

4-17 結合製造業與服務業

包含商品的服務主導邏輯

製造業已經服務業化

有關新商品與新服務的開發，已於前文說明，但近年來有個名為「服務主導邏輯」（service dominant logic）的思維被活用於行銷上。這種思維主張商品和服務並非兩碼事，而是同一件事。例如，商品應被視為提供服務的媒介・手段，而不是定位於最終的提供品。

事實上，服務業和製造業已結合為一。舉例而言，汽車製造商除了賣車外，還跨足服務業領域，推出自家品牌的信用卡或保險等。此外，如同不斷推陳出新的蘋果公司一般，商品的企劃設計和行銷由自家公司負責，生產製造則委外處理，這類「無廠半導體公司化」的趨勢也十分顯著。身為製造商卻沒有製造設備的策略，可將自家事業當作服務賣給其他企業。透過製造業的服務業化，嶄新的市場及商業模式已儼然成形。

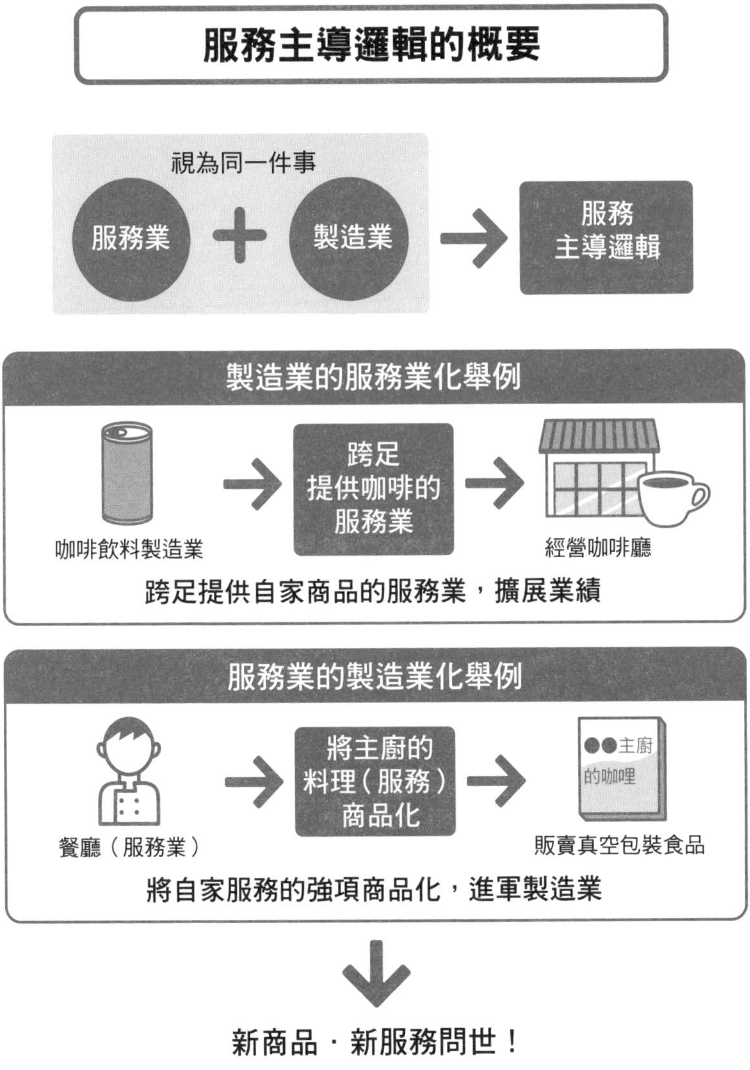
服務主導邏輯的概要
視為同一件事
服務業
製造業
服務
主導邏輯
製造業的服務業化舉例
咖啡飲料製造業
跨足
提供咖啡的
服務業
經營咖啡廳
跨足提供自家商品的服務業，擴展業績
服務業的製造業化舉例
餐廳（服務業）
將主廚的
料理（服務）
商品化
●●主廚
的咖哩
販賣真空包裝食品
將自家服務的強項商品化，進軍製造業
新商品・新服務問世！

4-18 暢銷品往往出現仿冒品

避免深陷紅海的危機管理

關於新商品的開發，最後再補充一個重點，就是針對仿冒的危機管理。就算好不容易成功開拓出全新的市場，**也常因遭到競爭者仿冒，結果瞬間深陷紅海（在現有市場做降價競爭）之中**。例如，三得利的「蜂蜜檸檬汁」曾創下開拓新市場後立刻爆紅的紀錄，不過卻因大量競爭者隨後跟進搶市，導致市場本身瓦解。大致來說，仿冒有兩種傾向，一是小型企業跟進時，往往推出比正牌拙劣的類似品，而且以低價販賣。因劣質品氾濫而導致市場混亂的案例，也時有所見。相對於此，當大企業隨後跟進市場時，常會以改變市場結構的影響力推出新商品。這時，他們還會編列充裕的廣告宣傳或促銷活動預算，讓商品流通於市場之中。

▼活用先發優勢，逼退追隨者

然而，隨後跟進的商品未必比較厲害。例如，DRY BEER（尾韻清澈爽口的生啤酒）市場的開拓者朝日啤酒（ASAHI），就曾經逼退跟風的競爭者，最後獨霸市場，這正是活用先發優勢的成功個案。

針對跟進商品的危機管理

如果沒有擬定追隨者對策

新市場開拓 → 競爭者紛紛搶進！ 競爭者A 競爭者B 競爭者C 競爭者D → 瞬間深陷紅海之中

競爭者紛紛搶攻進軍門檻不高的新市場。

如果確實擬定追隨者對策

新市場開拓 → 防堵競爭者！ 競爭者A 競爭者B 競爭者C 競爭者D → 可延緩市場變成一片紅海

競爭者不易搶攻進軍門檻較高的新市場。

●依據追隨企業的規模擬定因應對策

大型企業跟進時

增加自家
商品的
忠誠粉絲，
進行對抗

利用行銷活動把既有顧客變成自家公司的死忠粉絲，進行對抗。

小型企業跟進時

銷售
冠軍！
利用
先發優勢，
進行對抗

例如，強力宣傳銷售冠軍等，透過行銷活動，促使消費者無意選購次級商品。

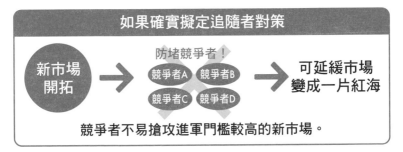

column

行銷新商品時，也得留意公司內部環境

開發新商品或新服務時，不能只留意外在環境，也必須仔細觀察公司內部環境。尤其是開拓新通路之類的大規模行銷活動，往往得耗費龐大的心血與投資，還必須獲得經營者、專案董事、上級主管的同意。針對公司內部進行簡報時，務必小心謹慎，充分準備，藉此提高說服力。

打個比方來說，如果經營者或專案董事年事已高，最好別用外來語或片假名，應改以一般日文替代，同時搭配圖表或圖案，切勿只靠文字說明，藉此力求解說淺顯易懂。

除此之外，如果企業本身準備投入或規劃從未接觸過的全新行銷計畫，切勿從頭到尾光談邏輯理論，務必引用包含國外個案在內的先例加以說明。畢竟只要有具體的案例，任誰都能輕易聯想，進而有助於理解。

於公司內部執行行銷工作或進行簡報時，也絕不能掉以輕心，務必秉持戒慎恐懼的態度因應處理。

第5章

販賣現有商品的行銷操作

5-01 如何把自家商品提供給顧客

小眾行銷等適切的細分方式為關鍵所在

▼分析市場和顧客，採取因應需求的策略

為了把自家商品或服務提供給顧客，必須採用什麼樣的行銷方式呢？過去要把大量產品賣給多數人時，曾一度盛行大眾行銷。然而正如第二十六頁所述，現今要以萬人為對象進行交易，個中難度不小，因此**深入分析市場和顧客，因應所求地精準提供商品的做法，已逐漸成為主流**。

例如，透過第七十六頁提到的市場區隔，篩選最適合自家公司的顧客，然後提供商品或服務的「區隔行銷」（segment marketing），就是方法之一。除此之外，進一步細分市場，鎖定大企業看不上眼的小型市場或夾縫市場的「利基行銷」（niche marketing），或是更精細地以地區或個人為目標對象的「小眾行銷」（micro marketing）等，都是效果不錯的手法。小眾行銷當中，還包括直接行銷（direct marketing，第一百六十頁）及一對一行銷（one-to-one marketing，第一百六十二頁）。

不同行銷手法的目標市場規模

大眾行銷

適合計畫量產量銷時的行銷手法。以萬人為對象展開行銷。

區隔行銷

當大眾行銷難以實施時，可篩選最適合自家公司的顧客，以絕佳效率進行操作的行銷手法。

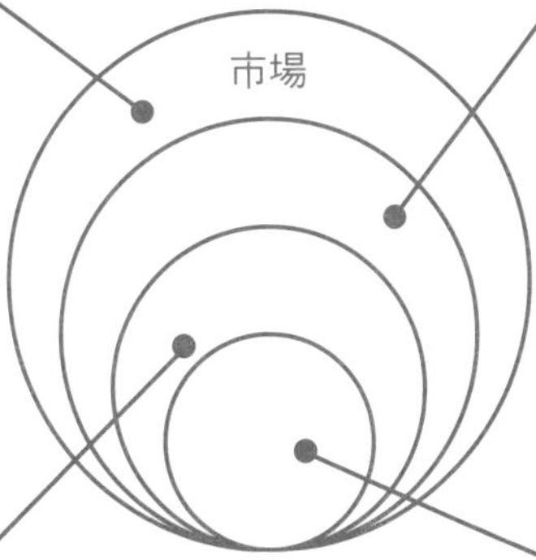

目標市場規模示意圖

利基行銷

鎖定大企業看不上眼的小型市場或夾縫市場，藉此提高自家公司市占率的行銷手法。

小眾行銷

以地區或個人為對象進行操作的行銷手法。直接行銷或一對一行銷等為代表範例。

對應自家商品的訴求重點及目標市場，實施行銷策略。

5-02 把顧客資料活用於下一次吧

掌握優良顧客的ＲＦＭ分析

▼以最近一次消費・消費頻率・消費金額三項數據進行分析

從購買自家商品的顧客身上，可得到種種資訊。如果明明擁有顧客資料，卻沒有活用於之後的行銷策略中，簡直是糟蹋了好東西。不妨使用分析顧客消費行為和消費紀錄等數據的「ＲＦＭ分析」，從眾多顧客當中，找出真正的優良顧客吧。ＲＦＭ分析由以下三項數據構成：

●R＝recency（最近一次消費）……顧客何時消費？最近有來消費嗎？

●F＝frequency（消費頻率）……顧客多久消費一次？

●M＝monetary（消費金額）……顧客消費了多少金額？

每項數據各以一到五分的五個等級進行評分，三項都拿到五分的顧客，就是「最優良顧客」。此外，不只是掌握優良顧客而已，從消費數據中，分析消費者成為優良顧客的原委為何，也是重要的課題。

RFM分析

RFM分析（每項數據各以一到五分的五個等級進行評分，五分為滿分）

Recency（最近一次消費）	顧客何時消費？最近有來消費嗎？
Frequency（消費頻率）	顧客多久消費一次？
Monetary（消費金額）	顧客消費了多少金額？

最優良顧客

R	5
F	5
M	5

因應方式

為了維繫長久良好的關係，主動通知特別活動或優惠價格等。

評價最差的顧客

R	1
F	1
M	1

因應方式

從廣告DM寄送名單中剔除，或是減少寄送頻率等，重新檢討促銷費用。

●**關鍵重點**

RFM分析雖然適用於型錄購物、洗衣店、美容院等，預料顧客會一再消費的零售業或服務，不過消費頻率偏低的住宅或汽車等則不適用。

5-03 重視顧客反應

重視回應的直接行銷

▼建立長久良好的關係

要讓顧客從大量的商品或服務中選擇自家商品，那麼和顧客建立了什麼樣的關係，將顯得十分重要。不能心存只要當下把商品賣掉就好的念頭，**最理想的狀況是企業與顧客建立互信關係，一邊維持長年的友好關係，一邊進行交易**。率先主張這種概念的是萊斯特・偉門於一九六一年提倡的「直接行銷」。

直接行銷最主要的目的是「由顧客身上得到回應」。進行廣告宣傳時，並非片面地將商品資訊轉達給消費者，而是搭配試用品的提供等進行告知，藉此取得代表回應的「申購表」。接著再根據這些回應製作顧客名簿，進一步加深關係。此外，並非一味地把廣告ＤＭ隨機發給顧客，而是要一邊觀察顧客反應，一邊鎖定潛在顧客，針對他們採取特別的切入方式，這個觀點十分重要。

直接行銷

得到顧客的回應後才展開的行銷手法

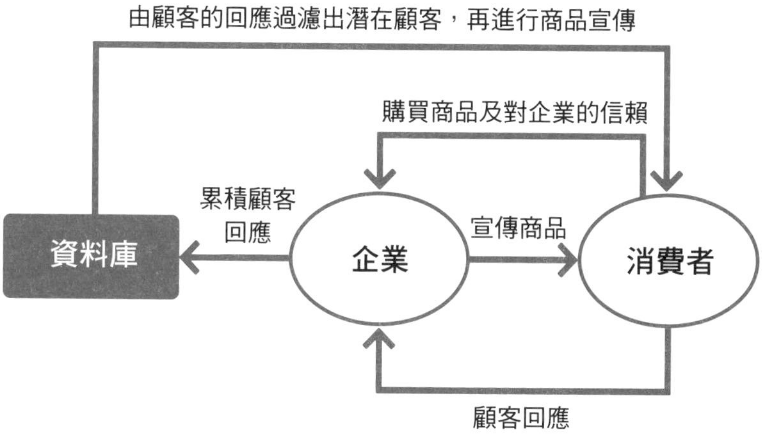
由顧客的回應過濾出潛在顧客，再進行商品宣傳
購買商品及對企業的信賴
累積顧客
回應
資料庫
企業
宣傳商品
消費者
顧客回應

●直接行銷舉例（以洗髮精為例）

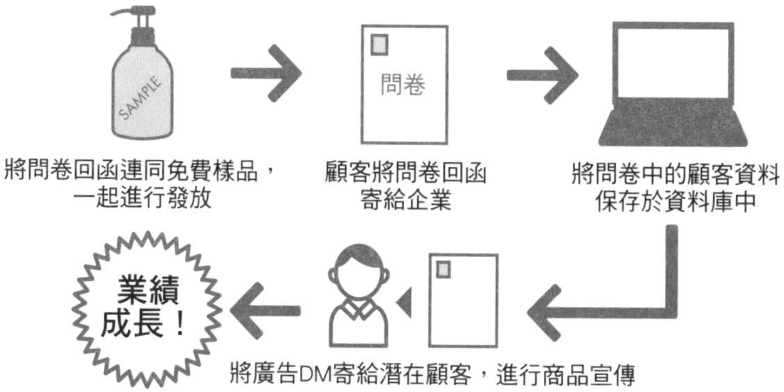
SAMPLE
將問卷回函連同免費樣品，
一起進行發放
問卷
顧客將問卷回函
寄給企業
將問卷中的顧客資料
保存於資料庫中
業績
成長！
將廣告DM寄給潛在顧客，進行商品宣傳

5-04 面對每一位顧客

每個人都是行銷對象的一對一行銷

直接行銷再進化

由第一百六十頁介紹的直接行銷進化而成的行銷手法，就是「一對一行銷」。進行一對一行銷時，**必須掌握每一位顧客的切身狀況、興趣、嗜好、價值觀或需求，然後採用最適合該名顧客的切入方式**。把顧客視為單一集團的大眾行銷，正好和這個概念互成對比。先以大眾行銷開發新顧客，再以一對一行銷從中篩選顧客，然後讓顧客持續光顧的手法，也常被採用。

刊登於網站中的橫幅廣告（banner），已具備得以參考消費者的搜尋行為或商品購買紀錄，於適當時機顯示適當廣告的功能。然而，看到網頁老是出現與自己有深切關聯的廣告，為此心生不悅的網路用戶，確實已經存在。針對這個問題，第一百六十四頁介紹的「許可式行銷」（permission marketing）概念，將變得十分必要。

一對一行銷

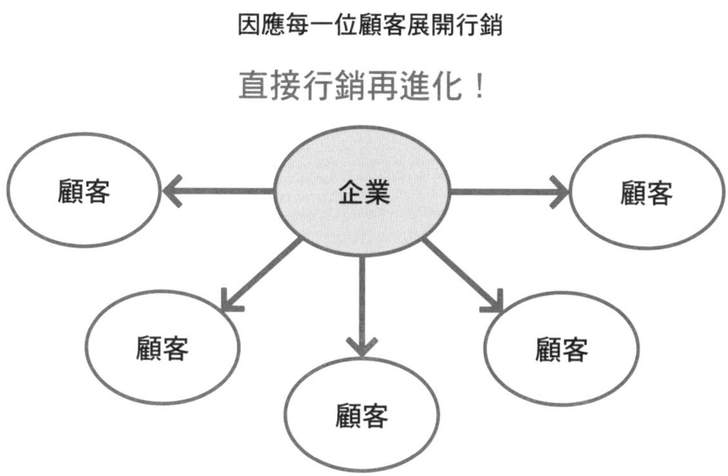
因應每一位顧客展開行銷
直接行銷再進化！
企業
顧客
顧客
顧客
顧客
顧客

●一對一行銷舉例（以預防掉髮的洗髮精為例）

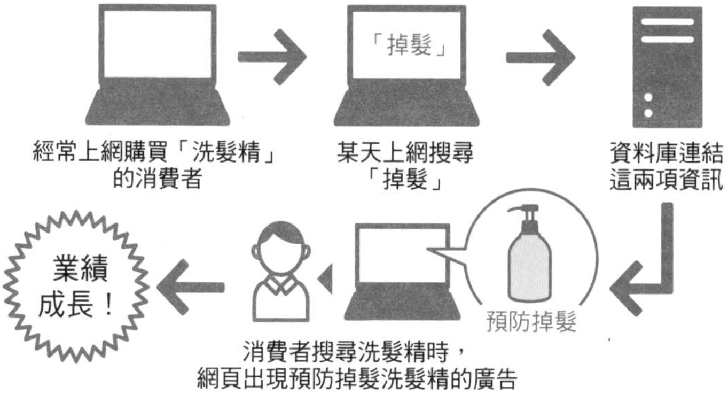
「掉髮」
經常上網購買「洗髮精」的消費者
某天上網搜尋「掉髮」
資料庫連結這兩項資訊
預防掉髮
業績成長！
消費者搜尋洗髮精時，網頁出現預防掉髮洗髮精的廣告

5-05 何謂不會造成不悅的接觸

取得同意的許可式行銷

「與人接觸」為行銷的開端

有一種概念類似一對一行銷，**但比較著重於避免造成顧客不悅**，稱為「許可式行銷」。這是一九九九年時，由經營大型入口網站的雅虎（YAHOO）直接行銷部門副社長賽斯・高汀（Seth Godin）提出的概念。如同字面意義，「許可式行銷」就是事前取得顧客同意，在顧客允諾的範圍內進行行銷活動。

高汀指出，一對一行銷啟動了對顧客的銷售行為，相對於此，許可式行銷則是始於「與人接觸」。典型的例子如「許可式電子郵件」（opt-in email），也就是消費者事先把自己的興趣、嗜好、關心領域等，上網登錄於資訊網站，而符合這些內容的電子報必須經過當事人的同意，才會被寄發。

許可式行銷

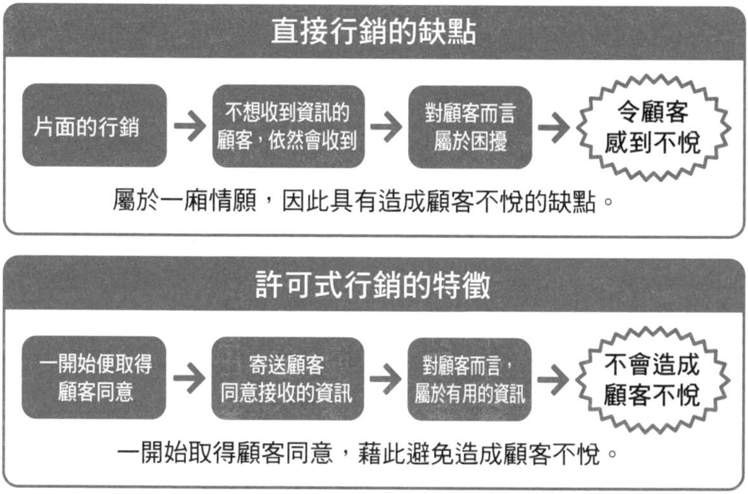
直接行銷的缺點
片面的行銷
不想收到資訊的顧客，依然會收到
對顧客而言屬於困擾
令顧客感到不悅
屬於一廂情願，因此具有造成顧客不悅的缺點。
許可式行銷的特徵
一開始便取得顧客同意
寄送顧客同意接收的資訊
對顧客而言，屬於有用的資訊
不會造成顧客不悅
一開始取得顧客同意，藉此避免造成顧客不悅。

●許可式行銷的操作流程

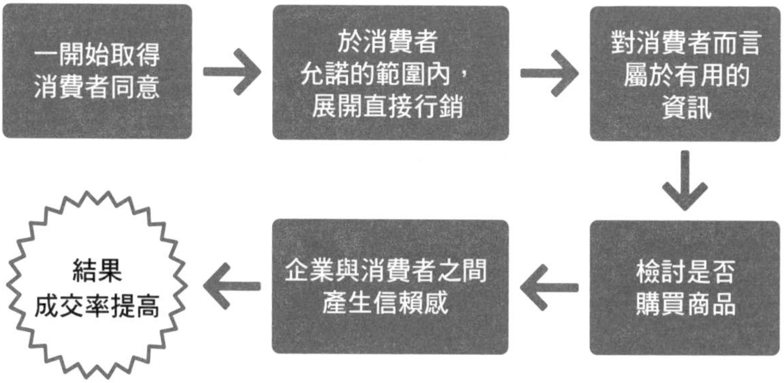
一開始取得消費者同意
於消費者允諾的範圍內，展開直接行銷
對消費者而言屬於有用的資訊
檢討是否購買商品
企業與消費者之間產生信賴感
結果成交率提高

5-06 加深與顧客之間的信賴關係

以CRM建立每位顧客的基本資料

留意面對面的交流

為了加深與顧客之間的信賴關係，務必牢記名為「客戶關係管理」（customer relationship management，以下簡稱CRM）的概念。CRM的定義，就是透過分析顧客資料，掌握每位顧客的特徵，再運用網路或電話客服中心等管道，與顧客加深關係的行銷方式。

CRM同於許可式行銷，必須先取得顧客同意，才能收集個資或消費紀錄。此外，**舉凡客訴、意見、希望等洽詢紀錄也一併納入顧客資料**。雖然企業得以一邊參考資料庫，一邊因應每一位顧客，但此時重要的是**採取猶如員工就在顧客眼前的互動方式**。

舉例而言，當顧客聯絡企業的電話客服中心要求退貨時，相較於語音系統的因應，還不如由客服人員親自接聽電話，更能挽救企業形象，甚至有導正負面觀感的可能性。

CRM（客戶關係管理）

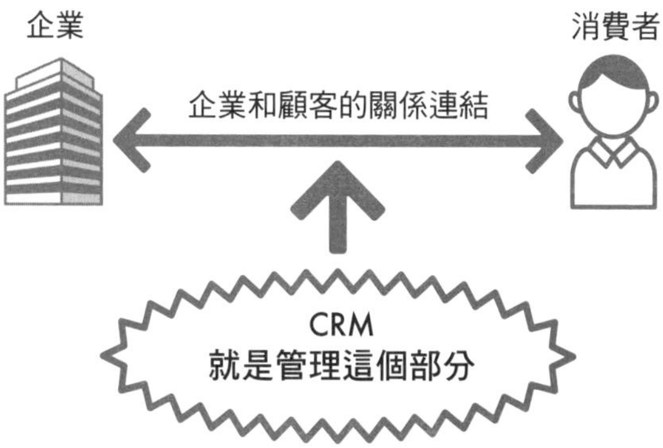
企業
消費者
企業和顧客的關係連結
CRM
就是管理這個部分

CRM的主要注意事項

以CRM收集的資料

- 顧客年齡、性別、興趣、嗜好等個資。
- 購買．消費紀錄、消費動機等消費資料。
- 顧客周遭環境等生活型態相關資訊。
- 客訴、意見、希望等洽詢紀錄。

保持「猶如當面應對」的心態非常重要！

藉由客訴處理獲得信賴

1. 以制式的語音系統因應，令人感受極差。
2. 如果由真人出面應對，將能化解怒氣。
3. 與顧客溝通的次數較多時，只要說聲「前幾天實在很抱歉」，甚至有導正負面觀感的可能性。

5-07 不著痕跡地宣傳商品吧

讓人渾然不覺有廣告之嫌的置入性行銷

▼利用電視或電影讓商品曝光

不讓顧客感覺遭到強迫推銷的互動方式十分重要，前文已說明過很多次，其實廣告也是同樣的道理。要是電視一再出現相同的廣告，想必各位有時候也會感到不悅吧。有一種利用電視或電影，**不著痕跡地宣傳商品的手法**，就是「置入性行銷」（placement marketing）。例如，讓電視劇或電影主角使用自家商品，或是安排有自家商標的招牌出現在鏡頭背景之中，讓觀眾留下印象，就屬於這種行銷手法。

美國電影《養子不教誰之過》上映後，詹姆斯．狄恩（James Dean）在影片中使用的梳子，有大批觀眾爭相洽詢，結果「置入性行銷」自此廣為盛行。後來在《〇〇七》系列電影中，廣告結合電影已成為常態，舉凡「奧斯頓．馬丁DB5」和「豐田2000GT」等車款、手錶和燕尾服等服裝飾品、香檳和伏特加等飲料，五花八門的商品紛紛出現影片之中。

置入性行銷

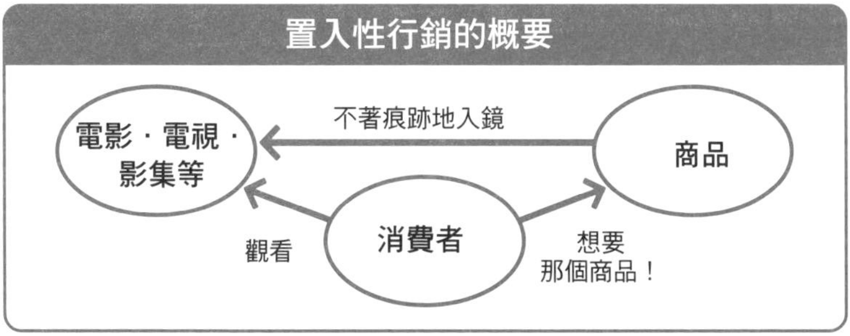
置入性行銷的概要
電影・電視・影集等
不著痕跡地入鏡
商品
消費者
觀看
想要
那個商品！

●因置入性行銷而引發的效應

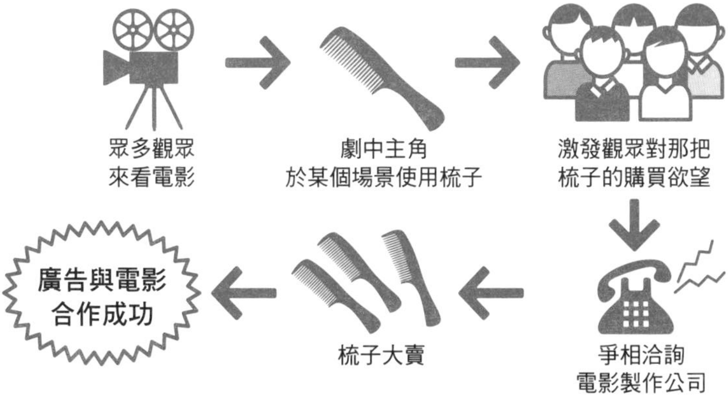
眾多觀眾
來看電影
劇中主角
於某個場景使用梳子
激發觀眾對那把
梳子的購買欲望
爭相洽詢
電影製作公司
梳子大賣
廣告與電影
合作成功

《○○七》系列電影中也有許多置入性行銷！

「奧斯頓・馬丁DB5」、「豐田2000GT」、「歐米茄（手錶）」、「維珍航空」、「索尼益立信（手機）」、「索尼電子」、「布里奧尼（Brioni，燕尾服）」、「伯蘭爵（BOLLINGER，香檳）」、「思美洛（SMIRNOFF，伏特加）」等。

▼實施對象愈來愈廣泛的置入性行銷

置入性行銷的手法，不只實施於電影或電視劇當中。其實日本自古便存在類似的概念，甚至出現在江戶時代的歌舞伎表演當中。據說二代目市川團十郎（活躍於江戶時代的歌舞伎演員）便曾於開場白時，為小田原當地的藥店宣傳名為「透頂香」（小田原本地獨賣的民間萬靈藥）的商品。

現今在遊戲或動畫的世界裡，也能看到置入性行銷的手法。以遊戲來說，企業商標出現於背景招牌上、特定企業的商品變成遊戲物件之一等，當中常會出現這類「遊戲內廣告」，藉此補貼一些製作費用。此外，動畫中也經常出現實際存在的企業或商品，**近年來，甚至十分盛行造訪動畫取景地或故事發生地的「朝聖之旅」，由此看來，應該也能藉此連結地方的活化再生。**

除了影片之外，其他領域也出現置入性行銷的活用，例如，每逢奧斯卡金像獎的頒獎典禮，海瑞溫斯頓（HARRY WINSTON，紐約珠寶品牌，享有「鑽石之王」的美譽）總會出借珠寶給女星配戴，藉此爭取媒體大篇幅的報導。首度出借的對象是一九四三年榮獲最佳女主角獎的珍妮佛・瓊絲（Jennifer Jones），此後，女星於頒獎典禮中配戴的珠寶，便成了眾所矚目的焦點。除此之外，最近還有一種藉由編撰故事小品，塑造絕佳品牌形象的行銷手法，稱為「故事型置入性行銷」，正在蓬勃發展之中。

利用「故事型置入性行銷」，不著痕跡地宣傳商品

●以智慧型手機的電視廣告為例

大雪紛飛的寒夜中，獨留辦公室努力撰寫企劃案的女性

↓

不經意地望向窗外，
映入眼簾的是被聖誕燈飾點綴得色彩繽紛的街景

↓

暗自嘆氣的女性

↓

就在這個時候，手機突然響起收到簡訊的鈴聲

↓

拿起手機一瞧，原來是未婚夫傳來的簡訊

↓

簡訊寫著：「聖誕快樂！我愛妳」，看了簡訊會心一笑的女性

↓

畫面出現商品名稱：「●●手機，伴你左右」，然後結束廣告

●關鍵重點

消費者對電視廣告中的故事心生共鳴，萌生「我也好想體驗這種感覺」的念頭，進而對商品產生興趣・關注，甚至考慮購買。博取觀眾好感十分重要！

5-08

以從事社會公益感動顧客

被善因行銷感動的心理

創造莫大效果的美國運通案例

博取消費者好感的行銷操作當中，有一種「善因行銷」（cause related marketing）。一九八一年舉辦的美國運通（American Express）活動中，頭一次操作了這種行銷手法。活動內容是每使用美國運通信用卡消費一次，美國運通便捐款兩分美元給舊金山地區致力振興藝術活動的團體。「善因行銷」的主軸，就是這類以某種形式的社會奉獻為目的的促銷活動。

美國運通也曾於一九八三年舉辦「自由女神修復活動」，結果募得一百七十萬美元的捐款。活動期間，刷卡率甚至增加三成。**由於「為解決自身關切的社會問題提供協助」的心願，與「希望購買優質商品或服務」的消費行為，能同時得到滿足，因此連結日常購買行為和捐款的行銷活動，**才能圓滿成功。

善因行銷

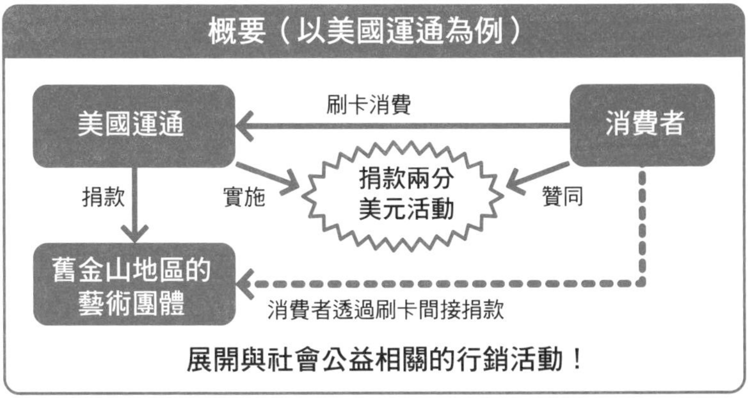
概要（以美國運通為例）
美國運通
刷卡消費
消費者
捐款
實施
捐款兩分
美元活動
贊同
舊金山地區的
藝術團體
消費者透過刷卡間接捐款
展開與社會公益相關的行銷活動！

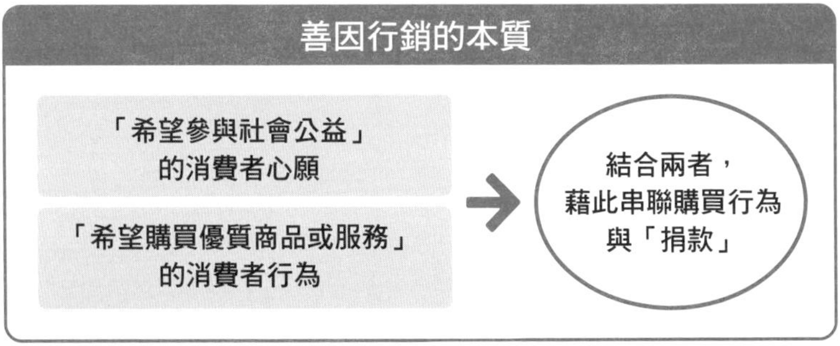
善因行銷的本質
「希望參與社會公益」
的消費者心願
「希望購買優質商品或服務」
的消費者行為
結合兩者，
藉此串聯購買行為
與「捐款」

●**關鍵重點**

「善因行銷」目前在美國廣告市場中的占有率，已成長到百分之八。雖然這種手法能提升企業形象，不過務必投入與本業相關的社會公益，否則效果不彰。

5-09 正確操作行銷

切勿淪於一般的廣告推廣或促銷

▼重新檢討「原本定義的行銷」

有些人誤以為行銷的定義，就是運用廣告的推廣或促銷活動，其實，兩者充其量不過是構成行銷的要素之一。當自家公司準備展開行銷時，大多數的企業都會求助廣告公司。雖然廣告公司可謂把行銷概念推廣至全國的大功臣，但從另一方面來說，前述的誤解也因此擴大。由於廣告公司是以廣告推廣和促銷活動為獲利的主軸，基於此故，有些個案的行銷觀點，或許的確趨於偏頗。

科特勒也曾在二〇一三年的演說中，指出日本企業於過去二十年呈現停滯的原因之一，就是**「日本的行銷只做到促銷，並未以原本的定義操作行銷」**。請試著重新檢討自家公司的行銷操作，是否淪為一般的廣告推廣或促銷。

行銷工作與日本企業
為了追求成長的必要省思

糟糕的行銷

只為了銷售商品或服務的促銷。

科特勒揭示的
行銷人員工作

行銷人員的工作並非銷售，而是著眼新的需求，洞悉新的機會，並分析影響層面。

開創新市場

創新文化

企業文化必須讓創新思維在商業模式或通路等各種領域，都具備可行性。

共同創造※

和顧客一起激盪新的構想，具體實踐「共同創造」（co-creation）。

社群行銷

社群行銷（social marketing）的可用預算，以在二〇三〇年之前超過總預算一半為目標，開始著手準備。

CMO的設置

研究行銷長（chief marketing officer）制度，並納入企業制度中。

徹底落實顧客至上主義

探討行銷操作時，並非以商品為主，而是要徹底以顧客為主。

品牌差異化

實踐行銷3.0等更加進化的行銷，進行品牌的差異化。

※所謂共同創造（價值共創），就是企業、顧客及其他利害關係者，共同開創新的價值。

column

郵購讓大眾行銷變成小眾行銷

不在實體店面販賣，而是專門提供郵購交易的商品與日俱增。

郵購通常於深夜播放長時間的宣傳節目，或是在網站上打出大量橫幅廣告，因此感覺上廣告開銷不小。不過，雖然一開始得靠電視廣告或橫幅廣告招攬新顧客，但第二次以後的銷售可活用廣告DM或電子報，因此也具有廣告費得以壓縮的優點。

只要活用本章介紹的RFM分析或一對一行銷，和手中沒有顧客資料的企業相比，更能大幅壓縮為了刺激回購客需求的成本開銷。

例如，健康食品等多半得持續購買的商品，只要顧客持續購買的時間愈長，廣告費的壓縮幅度就愈大，因此，推出長期消費的特惠價格或折扣活動的例子也不少。先透過大眾行銷招攬顧客，再以小眾行銷與顧客建立關係，是常見於郵購的行銷模式。

第6章

品牌策略的行銷操作

6-01 為什麼品牌很重要？

對於企業經營而言好處多多

獲利穩定的企業具有品牌力

日本企業長年以來致力提升技術能力與生產效率，以提供物美價廉的商品，擴大市場占有率。然而，由於這種做法早晚會陷入價格競爭，因此難以持續提高獲利。**凡是能穩定提高獲利的企業，彼此有個共通點，就是具有出色的品牌**。只要擁有充滿魅力的品牌，便能憑藉品牌價值設定價格，因此毛利率較高，獲利也容易維持穩定。舉例而言，相同布料、款式的POLO衫，就算售價因品牌力的有無而有所不同，顧客也不會感到任何不妥，這就是品牌價值的影響力。

基於品牌，顧客對於企業或商品將心生信賴或依戀，進而成為中長期忠心擁戴的基本客群，這正是品牌的厲害之處。此外，品牌力於企業內部也有莫大的影響力。品牌力較強的企業，就任職公司而言，比較容易讓求職者感到期待或安心，因此能集結優秀的人才。

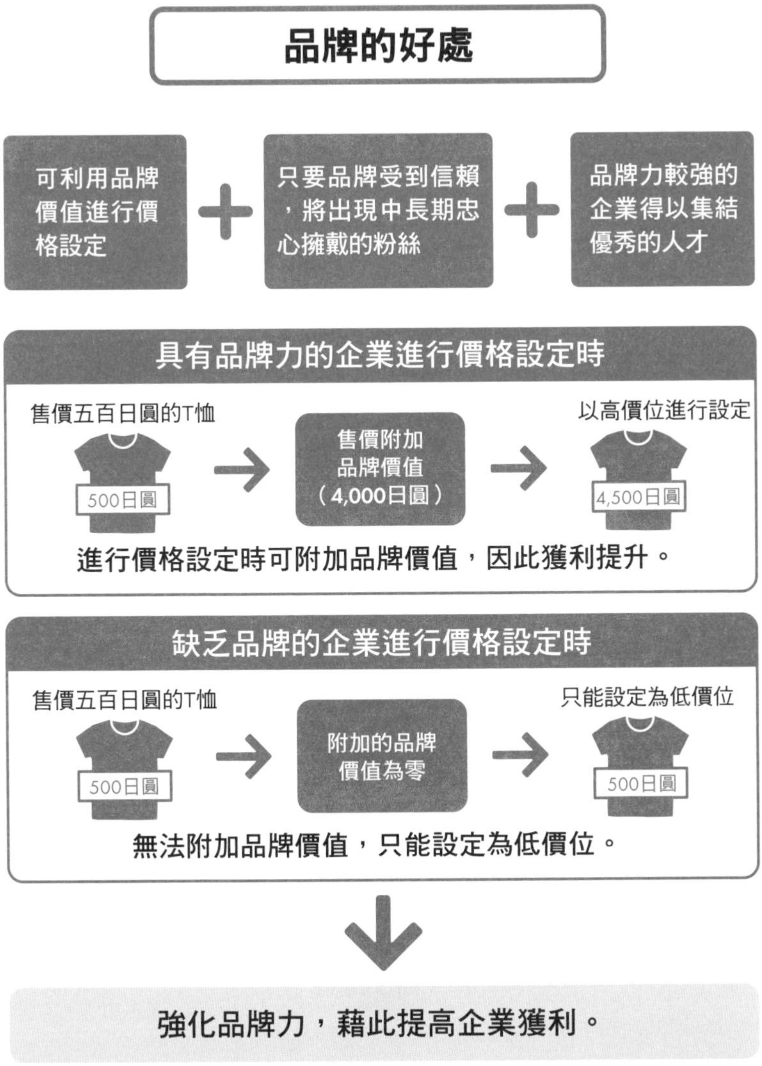
品牌的好處
可利用品牌價值進行價格設定
只要品牌受到信賴，將出現中長期忠心擁戴的粉絲
品牌力較強的企業得以集結優秀的人才
具有品牌力的企業進行價格設定時
售價五百日圓的T恤
500日圓
售價附加品牌價值（4,000日圓）
以高價位進行設定
4,500日圓
進行價格設定時可附加品牌價值，因此獲利提升。
缺乏品牌的企業進行價格設定時
售價五百日圓的T恤
500日圓
附加的品牌價值為零
只能設定為低價位
500日圓
無法附加品牌價值，只能設定為低價位。
強化品牌力，藉此提高企業獲利。

6-02

品牌對於利害關係者也有正面助益

也能為顧客、員工或交易對象帶來莫大好處

▼支援消費者充滿個人色彩的生活

如同第一百七十八頁所述，品牌在企業經營上可謂好處多多，其實**品牌同時也能為顧客、員工或交易對象帶來許多好處**。市場充斥著大量商品或服務的現今，消費者光要挑選自己滿意的商品，就覺得相當吃力。只要有符合自身生活型態的品牌，便能成為選購商品時的基準，擁有充滿個人色彩的生活。

對於企業員工而言，只要公司具有品牌性，他們便能以自家商品或服務為傲。舉例而言，如果準備洽談的商品只能以價格力拚，業務人員勢必相當辛苦吧。只要具備品牌力，談判條件將有所不同。

此外，對交易對象而言，可藉由經手大品牌企業的商品，避免隨意降價，進而得以鞏固獲利，穩定經營。如果是間零售店，將可開拓以價值選購商品的基本客群，公司的品牌力也能因此提升。

品牌於企業經營上的好處

缺乏品牌

顧客
由於缺乏挑選基準，因此對商品選購感到迷惘，有時甚至買下自己並不滿意的商品。

員工
就算是拚命完成的商品，最後仍得賤價出售，導致工作幹勁全失。

交易對象
由於大宗商品化提早出現，獲利下滑，只好求助於賤價出售，導致收支不穩。

由於缺乏品牌，將與競爭商品展開激戰

具有品牌

顧客
由於具備挑選基準，因此能安心選購商品，擁有充滿個人色彩的生活型態。

員工
由於顧客或社會對企業品牌或商品品牌具有高度評價，因此對自己的工作充滿自信與驕傲。

交易對象
由於能以品牌價值維持價格，因此獲利偏高，收支穩定。

對於利害關係者也有莫大的好處

企業因具備品牌，而得到堅實的經營基礎！

6-03 掌握自家品牌的種類

包括全國性品牌在內，分類五花八門

▼行銷的第一步就是掌握品牌

一聽到品牌，各位聯想到什麼呢？雖然統稱為品牌，其實種類十分多元。在此為大家整理各類品牌的定義如下：

①全國性品牌……製造商於全國展開的商品品牌。其中屬於特定地區的品牌，則稱為「在地品牌」。

②自有品牌……流通業或批發業自行開發製造販售商品的品牌。大多利用製造商代工生產（委託製造）。

③授權品牌……支付費用，讓自家商品得以使用其他公司的品牌資源。

④聯合品牌……將不同企業的品牌結合為一。

除此之外，有時還有會加上「設計師品牌」、「無品牌」的分類。

主要的品牌種類

全國性品牌

製造商於全國展開的商品品牌

花王「merit」、豐田汽車「PRIUS」、麒麟啤酒「CLASSIC LAGER」、夏普「AQUOS」等。

自有品牌

流通業或批發業自行開發製造販售商品的品牌

SEVEN PREMIUM（7&I控股，SEVEN & i HOLDINGS）、TOPVALU（永旺集團，AEON Group）等。

授權品牌

支付費用，讓自家商品得以使用其他公司的品牌資源

有迪士尼圖案的香鬆、凱蒂貓後背包、神奇寶貝筆記本等。

聯合品牌

將不同企業的品牌結合為一

優衣庫UNIQLO（迅銷FAST RETAILING）×BIC CAMERA＝BICQLO等。

設計師品牌

設計師獨自推出的商品品牌

伊夫·聖羅蘭（Yves Saint Laurent）、克里斯汀·迪奧（Christian Dior）、路易威登（LOUIS VUITTON）、香奈兒（CHANEL）等。

無品牌

不打品牌的商品品牌

相對於「雪國綠豆芽」（品牌名），另有一般的綠豆芽（無品牌）。大多出現於食品·日用品等。

將自家品牌進行階段式分類

如同豐田汽車的企業品牌中，另有個別商品品牌「PRIUS」一般，品牌可進行階段式分類。各位不妨牢記以下代表性的階段式分類法：

①企業（公司）品牌……例如「松下電器」、「朝日啤酒」等，與企業名稱相同的品牌。

②主品牌……整合企業中的事業單位或多數商品分類後，再以此為單位創造品牌。例如迅銷中的「優衣庫」、良品計畫中的「無印良品」。

③副品牌……將企業品牌或主品牌等強力品牌與個別品牌結合。朝日啤酒的「朝日SUPER DRY」就是個不錯的例子。

④個別（商品）品牌……於同一分類中推出數項商品時，每項商品都有各自的品牌。例如在「汽車」的分類中，分別推出「PRIUS」、「COROLLA」、「CAMRY」各個品牌。

主打企業品牌時，可集結品牌的資源，讓消費者快速認知；如果以個別品牌展開行銷，則可針對各個品牌擬定細膩的計畫。換句話說，**將品牌進行階段式分類，行銷策略也能千變萬化。**

自家品牌的階段式分類

分類	說明	例子
企業（公司）品牌	與企業名稱相同的品牌	松下電器、麒麟啤酒、日本麥當勞、豐田汽車、索尼、蘋果公司等。
主品牌	整合事業單位或多數商品分類後所創造的品牌	優衣庫（迅銷）、SUKIYA（善商集團）、無印良品（良品計畫）等。
副品牌	將企業品牌或主品牌與個別品牌結合	朝日SUPER　DRY（朝日啤酒）、YAHOO拍賣（YAHOO）、樂天外送（樂天）等。 ※多半是企業名＋個別品牌名
個別（商品）品牌	於同一分類中推出數項商品時的品牌	PRIUS（豐田汽車）、VIERA（東芝）、iPhone（蘋果公司）、PlayStation（索尼）等。

6-04 品牌直接攸關資產價值

同時留意資產與負債

▼務必確實掌握自家公司的品牌力

雖然自古便有關於品牌的研究，不過自從M&A（企業併購）盛行的一九八〇年左右，市場對品牌的看法有所改變。在此之前，大多認為品牌只是商品名稱或記號，但面臨企業併購時，為了突顯自家公司相較於其他公司的優勢，於是開始活用品牌。事實上在八〇年代時，英國法律便已認同品牌的資產價值計算。

倡導以品牌提升資產價值的大衛・艾克，主張「品牌權益」（品牌的資產價值）的概念，並定義這是**品牌資產和負債的總和，可增減商品或服務的價值**。

此時必須留意的是，如果品牌具有資產，那麼也帶有負債。要是打算利用品牌提高商品或服務的價值，必須如左圖一般分析自家公司的品牌力，設法增加資產且降低負債。

掌握品牌資產價值的步驟

STEP1 針對經營高層、幹部、一般員工，或是公司外部的交易對象、客戶等，調查他們目前對於品牌的評價或印象有何感想。

STEP2 把提問的回答分成「肯定」或「否定」，以及「未來」或「過去」，將浮現如下圖所示的四個重點。

STEP3 確實掌握四個重點，然後思考重點五，如此一來，將能更加認清實際狀況。

分析品牌資產價值時，應該釐清的五個重點

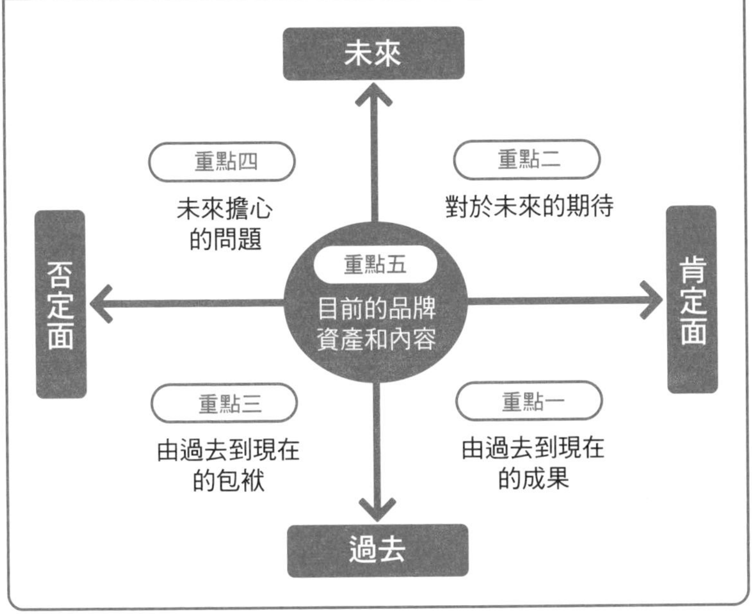
未來
重點四
未來擔心的問題
重點二
對於未來的期待
否定面
肯定面
重點五
目前的品牌資產和內容
重點三
由過去到現在的包袱
重點一
由過去到現在的成果
過去

▼計算品牌權益的五大要素

究竟該怎麼做，才能具體掌握自家公司的品牌價值呢？艾克提出五大計算品牌權益的要素如下：

①品牌忠誠度……顧客（消費者）持續使用自家品牌的狀況如何？
②品牌知名度……有多少消費者知道自家品牌名稱？
③知覺品質……針對自家品牌的品質，顧客的評價如何？
④品牌聯想……消費者的腦海浮現自家品牌時，能聯想出多少正面要素？
⑤其他具專屬性的品牌資產……自家品牌擁有多少專利或商標等相關權利？

艾克認為彙整上述五大要素，並進行財務性評估，便能具體掌握品牌權益。雖然品牌權益難以數字化，但只要牢記這五大要素，自家公司應該採取的策略將逐漸清晰。

如果要更加簡單明瞭地進行評價，觀察顧客的態度就能全盤了解。**自家公司的粉絲是否一面倒地居多？價格比其他公司昂貴的商品是否有人購買？**只要檢視這兩點，品牌價值是否培養成功，立刻一目瞭然。

計算品牌權益的五大要素

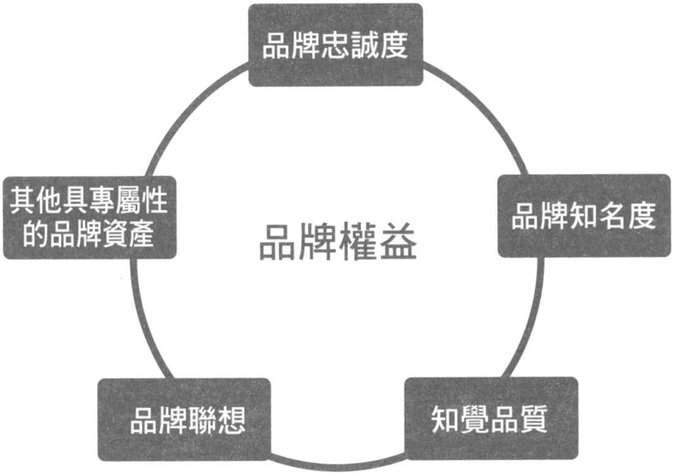

●五大要素的思考觀點

品牌忠誠度	顧客（消費者）持續使用自家品牌的狀況如何？
品牌知名度	有多少消費者知道自家品牌名稱？
知覺品質	針對自家品牌的品質，顧客的評價如何？
品牌聯想	消費者的腦海浮現自家品牌時，能聯想出多少正面要素？
其他具專屬性的品牌資產	自家品牌擁有多少專利或商標等相關權利？

6-05

掌握品牌價值

以品牌共鳴金字塔進行分析

▼以顧客觀點檢視四個項目

為了了解品牌的價值，建議大家牢記由凱文・萊恩・凱勒提出的「品牌共鳴金字塔」（brand resonance pyramid）。**只要針對自家品牌，依照下述①～④的順序進行基本分析，便能掌握品牌價值。**

①品牌標識……顧客對於自家品牌抱持什麼樣的印象？

②品牌內涵……對顧客而言，自家品牌具有何等意義？

③品牌反應……顧客對於自家品牌有何好感？

④品牌關係……自家品牌和顧客之間是否關係良好？

如左圖所見，②可分為「形象」和「績效」，③可分為「感覺」和「評判」。此外，②的「形象」和③的「感覺」可歸類於「感情・感性路線」，②的「績效」和③的「評判」則可歸類於「理性路線」。各區塊的概要說明如左圖，大家不妨對應第一百九十二頁的實例確認一下吧。

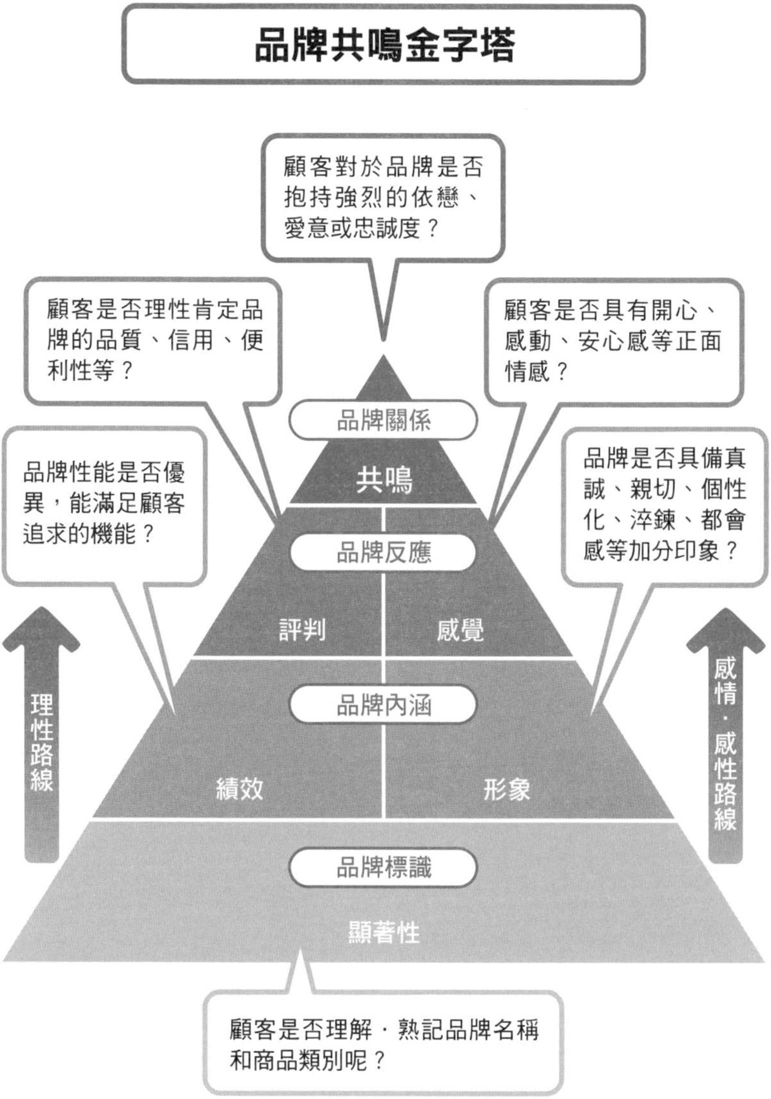
品牌共鳴金字塔
顧客對於品牌是否抱持強烈的依戀、愛意或忠誠度？
顧客是否理性肯定品牌的品質、信用、便利性等？
顧客是否具有開心、感動、安心感等正面情感？
品牌性能是否優異，能滿足顧客追求的機能？
品牌是否具備真誠、親切、個性化、淬鍊、都會感等加分印象？
品牌關係
共鳴
品牌反應
評判
感覺
品牌內涵
績效
形象
品牌標識
顯著性
理性路線
感情・感性路線
顧客是否理解・熟記品牌名稱和商品類別呢？

以SOMES SADDLE為例，分析品牌策略

想要了解「品牌共鳴金字塔」的話，北海道的皮件製造商，人稱「日本愛馬仕」的SOMES SADDLE，是個相當值得玩味的案例。

SOMES SADDLE以馬具出口製造業起家，他們活用自家皮革技術，同時投入皮包及包袋的生產製造。除了著手製造中央賽馬或地方賽馬的馬鞍、皇室專用馬具之外，手工打造的包袋類也在百貨公司上架販售，深獲好評。其行銷重點為以下五點：

①企業形象為專門製造格調高雅的馬具

②商品形象為職業賽馬選手與皇室的愛用品

③向同業大肆宣傳自家商品獲伊勢丹百貨本店青睞採用

④曾獲選成為二〇〇八年八大工業國洞爺湖高峰會議出席貴賓的伴手禮

⑤堅持通路嚴選，管控品牌價值

①為刻意塑造馬主身分的上流階級感，並標榜事業型態同於愛馬仕，藉此提高企業價值；②為透過足以為品牌背書的愛用者，訴求品牌信賴感；③為強打各方公認識貨的伊勢丹百貨本店相中自家商品，藉此於零售業中獲取知名度與辨識度；④為透過貴賓級人物的使用，提高商品定位；⑤為只提供特定通路販賣，藉此控管品牌價值與價格。把上述行銷重點對照左圖檢視，便能輕易掌握SOMES SADDLE的品牌策略。

SOMES SADDLE的品牌共鳴金字塔

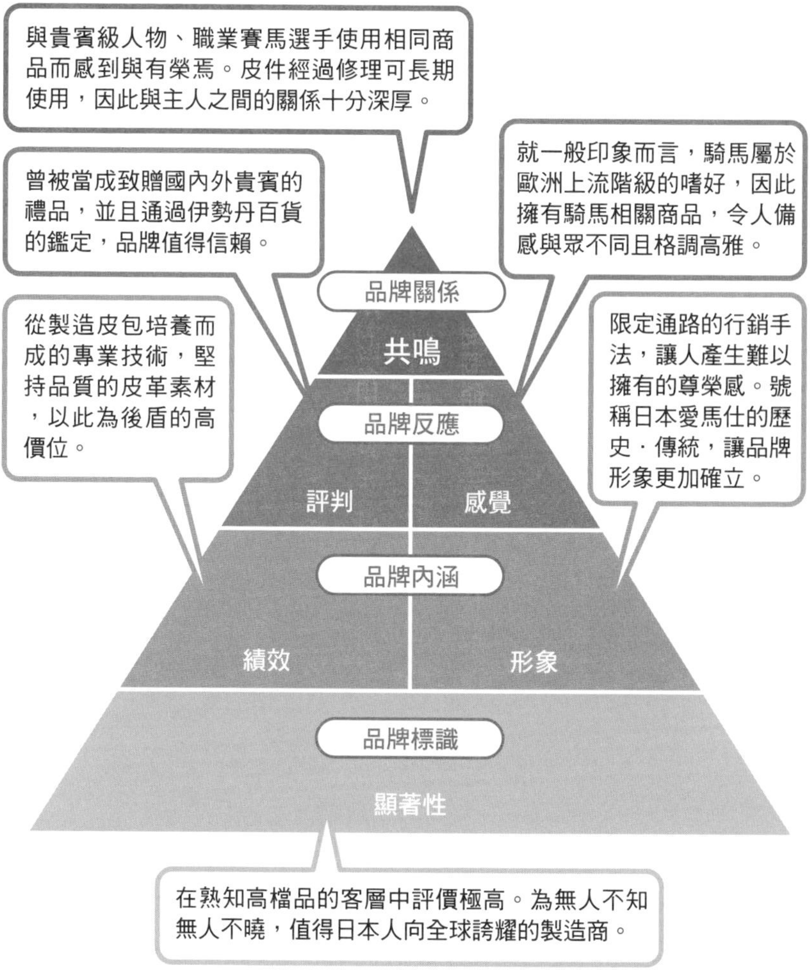
與貴賓級人物、職業賽馬選手使用相同商品而感到與有榮焉。皮件經過修理可長期使用，因此與主人之間的關係十分深厚。
曾被當成致贈國內外貴賓的禮品，並且通過伊勢丹百貨的鑑定，品牌值得信賴。
就一般印象而言，騎馬屬於歐洲上流階級的嗜好，因此擁有騎馬相關商品，令人備感與眾不同且格調高雅。
從製造皮包培養而成的專業技術，堅持品質的皮革素材，以此為後盾的高價位。
限定通路的行銷手法，讓人產生難以擁有的尊榮感。號稱日本愛馬仕的歷史．傳統，讓品牌形象更加確立。
品牌關係
共鳴
品牌反應
評判
感覺
品牌內涵
績效
形象
品牌標識
顯著性
在熟知高檔品的客層中評價極高。為無人不知無人不曉，值得日本人向全球誇耀的製造商。

6-06

優秀的員工能提升品牌力

雇主品牌的影響效應

把員工用完即扔的企業無法建立品牌

如第一百八十頁所述，對顧客提升品牌力，可讓員工滿懷驕傲地投入工作。提倡於一九九六年的概念「雇主品牌」（employer brand），便指出**針對員工提高品牌力的效應，馬上就會波及顧客，最後還可望提升自家公司的信用度**。

「雇主品牌」的提倡者之一西門・巴羅（Simon Barrow）曾實際分析英國的零售業，結果發現以下狀況：一間好店只要存在優秀人才，正面評價將經由顧客的口耳相傳，於社會中擴散開來；公司一旦獲得好評，便能吸引優秀的員工加入，讓員工素質更加提升。巴羅認為針對員工提高品牌力，效果同於針對顧客實施行銷活動，都能產生良性循環。

我可以斷言，採用兼職或約聘人員，並且用完即扔，藉此提升獲利的企業，絕對無法創造品牌價值。

雇主品牌的概念

只是完成分內的工作，
雖然不會發生客訴，但也缺乏感動。

↓

針對員工提高品牌力，讓員工滿懷自信與驕傲地執行工作，
進而提供感動顧客的服務。

↓

顧客深受感動，經由口耳相傳告知他人。

↓

佳評於社會中流傳，立志進入這家企業服務的人數大增。

↓

優秀的員工增加，得到感動的客人也隨之增加，
自家品牌的評價扶搖直上。

↓

一旦得到顧客或社會進一步的好評，
員工的信心和自豪更加升級。

↓

自家品牌的魅力水漲船高，形成良性循環。

**珍惜員工，
藉此提高品牌價值！**

6-07 超捧場顧客之所以重要的原因

顧客忠誠度將帶來各種價值

▼透過自家粉絲的口耳相傳，可以開發新客源

深具魅力的品牌，具有提高「顧客忠誠度」的效果。所謂顧客忠誠度，就是顧客對於商品・服務本身，或是提供的企業保有忠誠、心存依戀、超級捧場。

十九世紀發現的學說「帕累托法則」（Pareto principle），**認為銷售額的八成，來自於銷售排名前兩成的顧客**。這兩成的顧客，可謂顧客忠誠度極高的「超捧場顧客」。相較於投資在其他八成顧客上的成本，例如開發新客源等，估計這兩成的顧客只需極少的成本就會持續光顧，因此對企業而言，他們是非常重要的客群。

品牌策略周詳的企業中，幾乎沒推出大眾媒體廣告，品牌力卻能居高不下的個案並不少見。這是因為**商品或服務的粉絲顧客，會經由口耳相傳，為企業開創新顧客**。顧客忠誠度除了能直接創造利潤，還能帶來種種價值。

顧客忠誠度和帕累托法則

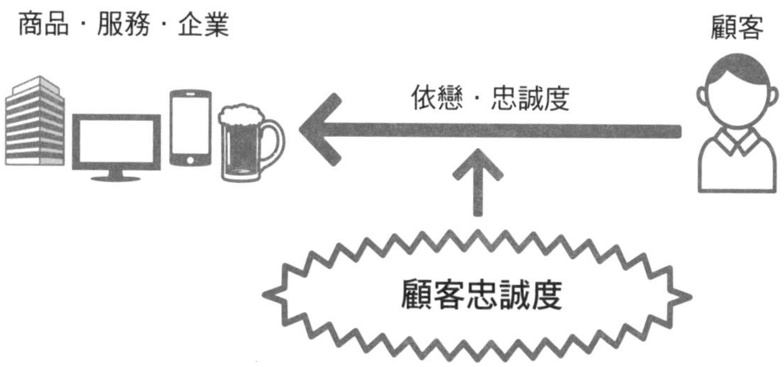

商品・服務・企業
顧客
依戀・忠誠度
顧客忠誠度

●帕累托法則

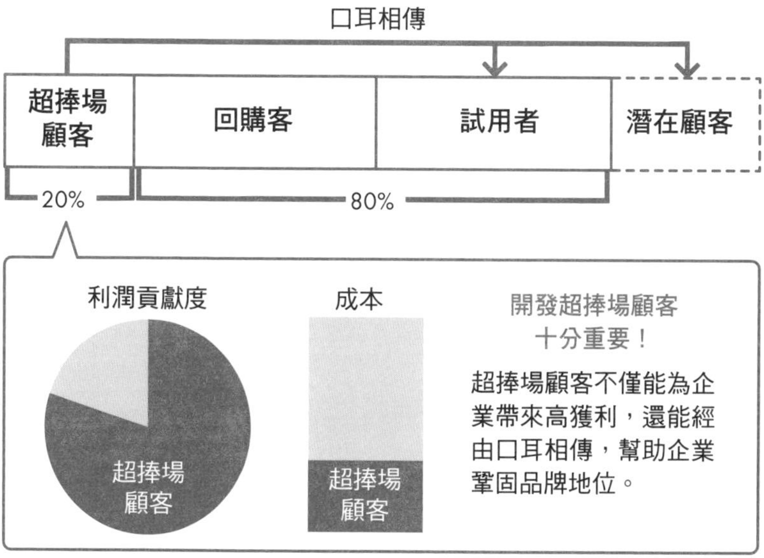

口耳相傳
超捧場顧客
回購客
試用者
潛在顧客
20%
80%
利潤貢獻度
超捧場顧客
成本
超捧場顧客
開發超捧場顧客十分重要！
超捧場顧客不僅能為企業帶來高獲利，還能經由口耳相傳，幫助企業鞏固品牌地位。

6-08 成為超捧場顧客的過程

奧利佛主張的顧客忠誠度四大階段

▼由「態度忠誠度」變成「行動忠誠度」

顧客得歷經什麼樣的階段，才會變成超捧場顧客呢？因提倡期望失驗模式（第九十頁）而聞名的理查德・L・奧利佛，將顧客忠誠度分成以下四大階段：

①認知忠誠度……透過原先取得的知識或經驗，自認為喜好某個品牌的程度勝過一切的階段。

②情感忠誠度……透過持續使用商品或服務，滿意程度愈來愈高，心態為因喜歡而買的階段。

③意圖忠誠度……已經買過好幾次，再次購買的意願極高的階段。

④行動忠誠度……不斷回購，如假包換的忠誠度已培養完成的狀態。

由此可見，就是從①的「態度忠誠度」，逐步轉變為「行動忠誠度」。**只要進入④的狀態，便是所謂的超捧場顧客吧。**

顧客忠誠度四大階段

超捧場顧客

只要進入第四階段的「行動忠誠度」，
就成為超捧場顧客！

行動忠誠度

不斷回購，如假包換的忠誠度已培養完成的狀態。

意圖忠誠度

已經買過好幾次，再次購買的意願極高的階段。

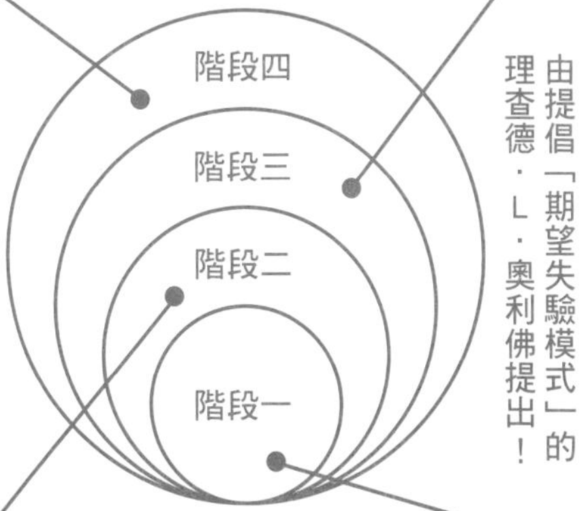

情感忠誠度

透過持續使用商品或服務，滿意程度愈來愈高，心態為因喜歡而買的階段。

認知忠誠度

透過原先取得的知識或經驗，自認為喜好某個品牌的程度勝過一切的階段。

6-09 獲得顧客忠誠度的方法

檢視顧客認為價值何在

▼琢磨商品力，達到「願望價值」或「未知價值」的水準

實際上該怎麼做，才能提高顧客忠誠度呢？美國管理顧問卡爾・艾伯修（Karl Albrecht）主張務必釐清顧客「發現價值的主因」。艾伯修把顧客發現價值的主因歸類如下：

①基本價值……商品或服務絕不可或缺的主因（基本功能等）。
②期待價值……交易過程中，顧客必然期待的主因。
③願望價值……雖然顧客未必期待，但如果主動提供，將獲得顧客高度評價的主因。
④未知價值……主動提供超越顧客期待或願望的商品或服務，進而感動顧客的主因。

把①～④放在心上，掌握顧客從自家和競爭商品中發現什麼樣的價值，極為重要。舉例而言，**如果在①或②的階段面臨競爭品搶市的狀況，只要實現③或④的價值，仍能取得競爭優勢和顧客忠誠度。**

顧客忠誠度四大階段

在各個階段中，只要超越顧客的期待，便能提高顧客忠誠度。

基本價值	期待價值
商品或服務絕不可或缺的主因（基本功能等）。	顧客必然期待的主因。
未知價值	**願望價值**
主動提供超越顧客期待或願望的商品或服務，進而感動顧客的主因。	雖然顧客未必期待，但如果主動提供，將獲得顧客高度評價的主因。

以理髮廳的顧客忠誠度為例

基本價值	期待價值
剪髮。	造型師建議適合自己的髮型。
未知價值	**願望價值**
名人御用造型師為自己剪髮。	使用的洗髮精具有美髮、預防掉髮的效果。

實現「願望價值」和「未知價值」至關重要！

6-10 妥切管理複數品牌

行銷操作不可或缺的品牌組合

▼有效率地管理・運用品牌資源

企業多半擁有複數品牌，不過為了妥切地管理・運用，務必牢記名為「品牌組合」（brand portfolio）的概念。日本企業根據長年以來的經驗，認為只要做出好的商品，勢必賣得出去，因此對於適切的品牌架構或品牌創造並不太在意，導致個別品牌與日俱增。由於企業得分別處理每一個個別品牌，例如投入廣告費用等，結果讓自己深陷毫無效率的品牌經營中。

品牌組合為二〇〇四年提出的概念，定義為總覽複數品牌，並加以體系化，藉此管理各個品牌。**由於品牌也能經營成獲利的資產，因此管理品牌的企業，本身價值也能隨之攀升，進而得以位居優勢，對抗競爭企業**。第一百八十四頁曾說明「企業品牌」、「主品牌」、「副品牌」、「個別品牌」等分類，將各個品牌以適合自家公司的方法加以整理・體系化，有效率地管理・運用品牌資源，為十分重要的事。

品牌組合

品牌組合＝複數品牌資產的組合

品牌A　品牌B　品牌C　品牌D

為了讓這些品牌體系化，價值提升，
因而進行計畫性的管理，就是品牌組合策略。

●必須執行品牌組合策略的原因

日本具有只要提供好商品、好服務，便能創造銷售佳績的觀念。

→ 品牌策略也不夠高明，只達到命名的水準。

→ 一味地設法提高個別品牌的知名度與辨識度，導致廣告費用暴增。

→ 一旦市場成熟，出現大宗商品化，就算商品再出色，也會被捲入價格戰爭。

→ 必須適切地運用品牌。

→ 將品牌分類，然後以適合自家公司的方法加以整理．體系化，有效率地管理．運用品牌資源。

品牌成為能創造利潤的資產，
進而得以建立優勢，對抗競爭企業！

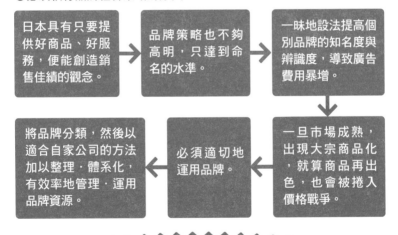

6-11 擬定品牌組合策略的方法

將品牌組合整理成六項要素

▼從品牌的整理到組合的功能設定

接著為各位說明擬定品牌組合策略的具體方法。針對以下六項要素進行探討，將能得到具體的結果：

①品牌組合……針對企業需要與否，區分品牌。

②組合關係圖……整理各品牌間的關聯性，讓組合整體產生相乘效果或槓桿效果。

③品牌組合架構……整理品牌排序，確立組合架構，以求將來的事業策略和品牌建構計畫能彼此一致。

④品牌範圍……根據品牌的可能性，敲定品牌的適用範圍。

⑤讓商品・服務的功能明確化……洞悉成功可能性較高的品牌，讓品牌旗下商品或服務的功能明確化。

⑥組合的功能……整理事業策略中的組合功能。

品牌組合的六項要素

品牌組合
組合關係圖
品牌
組合架構
品牌範圍
讓商品・服務
的功能明確化
組合的功能
以六種視角
進行分析，
藉此將能預防重複或遺漏，
有體系地管理品牌。

●六種視角的思維

品牌組合	針對企業需要與否，區分品牌。
組合關係圖	整理各品牌間的關聯性，讓組合整體產生相乘效果或槓桿效果。
品牌組合架構	整理品牌排序，確立組合架構，以求將來的事業策略和品牌建構計畫能彼此一致。
品牌範圍	根據品牌的可能性，敲定品牌的適用範圍。
讓商品・服務的功能明確化	洞悉成功可能性較高的品牌，讓品牌旗下商品或服務的功能明確化。
組合的功能	整理事業策略中的組合功能。

品牌組合策略的成功案例

在此為大家介紹實際採行品牌組合策略的成功企業案例。

率先推出溫水洗淨便座而聲名大噪的東陶機器（TOTO），除了販售衛生陶器（整體衛廁）及溫水洗淨便座外，事業規模還擴及系統式浴室及衛浴五金等的住宅設備、磁磚建材、奈米光觸媒氧化鈦塗料、陶瓷材料，商品十分多元。如同品牌名為「NEOREST」和「wasHLeT」的便桶便座、「Octave」的盥洗室、「CRASSO」的系統廚房等，**每個商品分類都各有品牌名，避免企業品牌只讓人聯想到衛生陶器和溫水洗淨便座**。

經營高級餐飲集團的平松就是採用品牌組合策略，將旗下的「平松餐廳」，以及與其他公司的合作品牌「保羅・博基茲」（PAUL BOCUSE，位於法國里昂的米其林三星餐廳）等各式各樣的餐飲品牌，配合展店的預定地點區分使用。此外，**每個品牌的店數控制於五到十家，藉此確保品牌價值**。

運動用品製造商亞瑟士（asics）曾透過歐洲當地子公司，讓七〇年代一度消失的品牌「Onitsuka Tiger」死灰復燃，於二〇〇〇年初推出新商品。不久後，「Onitsuka Tiger」也於日本上市，成功回歸。目前亞瑟士旗下**除了主攻賽跑鞋的主品牌「亞瑟士」之外，還有休閒款式且具有高度流行性的個別品牌「Onitsuka Tiger」，以此展開雙管齊下的行銷策略**。

品牌組合案例

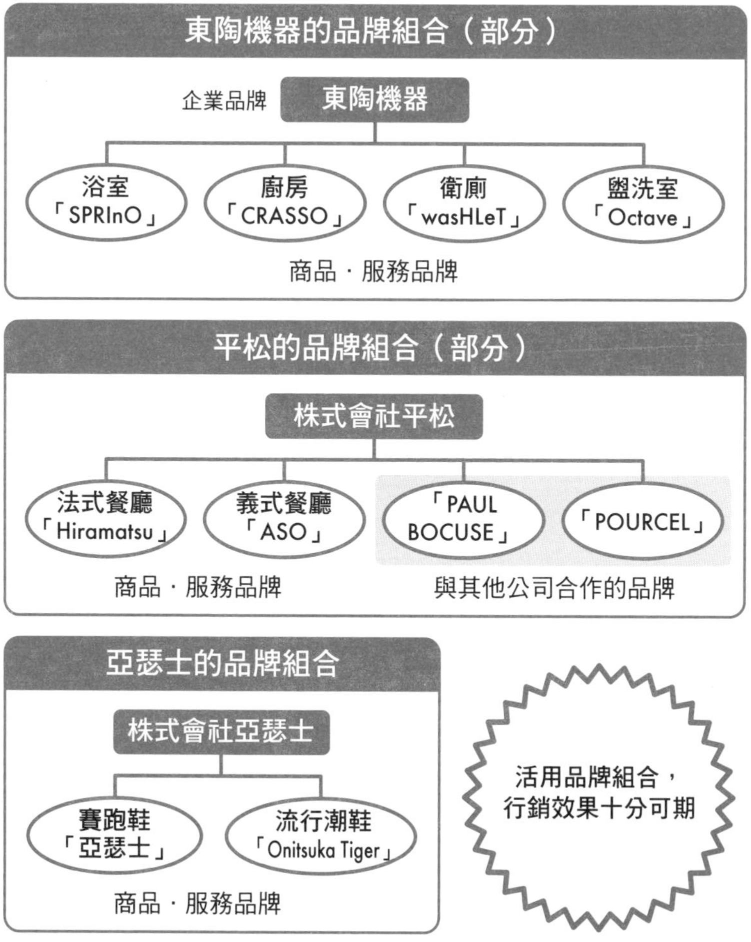
東陶機器的品牌組合（部分）
企業品牌
東陶機器
浴室「SPRInO」
廚房「CRASSO」
衛廁「wasHLeT」
盥洗室「Octave」
商品・服務品牌
平松的品牌組合（部分）
株式會社平松
法式餐廳「Hiramatsu」
義式餐廳「ASO」
「PAUL BOCUSE」
「POURCEL」
商品・服務品牌
與其他公司合作的品牌
亞瑟士的品牌組合
株式會社亞瑟士
賽跑鞋「亞瑟士」
流行潮鞋「Onitsuka Tiger」
商品・服務品牌
活用品牌組合，
行銷效果十分可期

6-12 打造令人著迷的品牌

所有商品・服務都能品牌化

▼就獲利來源而言，也頗具價值的吉祥物品牌

一提到品牌，想必直接聯想高級品或流行服飾的人為數不少。但不論有形或無形，其實所有的商品或服務都能加以品牌化。**擬定品牌策略時，必須秉持遠大的目光，把品牌塑造成「令人著迷的存在」**。

例如，千葉縣船橋市非官方吉祥物「船梨精」，以及熊本縣的公關吉祥物「酷MA萌」等，這些近年來人氣超夯的在地吉祥物，也能稱之為品牌吧？

這類的「吉祥物品牌」隨著人氣的擴散，成為獲利來源的價值也隨之提升。舉凡電影、電視、影音光碟、周邊授權商品、推出主題樂園等，吉祥物能透過種種媒介，為企業創造利潤。此外，「無怨無悔地連續工作三百六十五天，每天二十四小時」，這也是經營吉祥物的好處。有些吉祥物甚至和迪士尼的卡通人物一樣，經由代代相傳，最後變成跨越數個世代的超強長壽品牌。

成為珍貴品牌資源的吉祥物

品牌＝令人著迷的存在

↓

吉祥物也能變成品牌

高獲利的人氣吉祥物

人氣吉祥物

- 電影
- 電視
- 授權商品
- 推出主題樂園

博得人氣的吉祥物擁有各種獲利來源。

↓

有些企業專門經營吉祥物

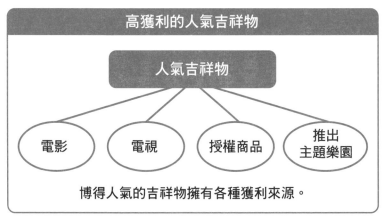

把一般品名變成專屬品名的成功案例「碘卵・光」

如前文所述，品牌為「令人著迷的存在」，所有的商品和服務都能品牌化。例如，鹽或蔬菜等以一般品名相稱的商品，也能加以品牌化。通常以毫無特色的「鹽」或「蔬菜」販賣，終將淪為價格競爭。但如果為商品附加價值，**把品名專屬化，例如「赤穗天鹽」或「雪國綠豆芽」等，將能發揮價格以外的競爭力**。

其中最具代表性的案例，就是「碘卵・光」。價格向來無太大波動的雞蛋，長年以來保持低價供應。現在到超市一瞧，總能看到品名五花八門的精品雞蛋，但其實在「碘卵・光」上市之前，市面只有一般品名的雞蛋。「碘卵・光」是由原本從事飼料事業及寵物食品製造販賣的日本農產工業，於一九七六年推出的商品。日本農產工業活用飼料的專業技術，以特別研究調配的飼料餵雞，成功地為生雞蛋創造附加價值。「碘卵・光」基於健康的形象和濃郁的風味，變成「令人著迷的存在」。目前，和一般品名的雞蛋相比，「碘卵・光」的售價高達三倍，品牌化的訴求相當成功。

觀察超市的食品賣場，可以發現米、納豆和水果等，這些曾經只有一般品名的食品，紛紛企圖設定專屬品名，落實品牌化。凡是成功的品牌，它們的共通點就是已成為「令人著迷的存在」。

一般品名的商品，進行專屬品名化的案例

以「碘卵・光」為例

一般品名的雞蛋 ＋ 飼料的專業技術 ＝ 高附加價值化的精品雞蛋

超市的食品賣場中，相同的成功案例不勝枚舉。

米
- 魚沼產越光米
- 秋田小町

納豆
- 金粒不臭納豆
- 阿龜納豆

豆腐
- 風吹豆腐屋Jonny
- ZAKU豆腐

蔬菜
- 京野菜
- 雪國綠豆芽

鹽
- 赤穗天鹽
- 伯方鹽

水
- 南阿爾卑斯天然水
- 六甲美味水

6-13 結合運動和品牌

效果顯著的贊助行銷

▼透過體育活動宣傳品牌

為了讓品牌深植消費者內心，廣告是效果不錯的手法之一，尤其「贊助行銷」（sponsorship marketing），更可謂效果一流。

從一九七〇年代起，贊助行銷就被活用於運動賽事場中的看板廣告，不久後則發展為「贊助盤存」（sponsorship inventory）。所謂贊助盤存，就是「為了尋求贊助商的自身資源」，例如，讓企業或團體成為體育活動的冠名贊助商，或是以選手制服、門票等加印商標為交換條件，請企業或團體提供贊助費。**即使是企業品牌・主品牌等大型品牌，宣傳起來也不算困難**，正是這種手法的特色所在。

此外，還有一個其他廣告手法沒有的優點，就是藉由成為特定隊伍的贊助商，便能得到該隊粉絲的大力支持。

贊助行銷

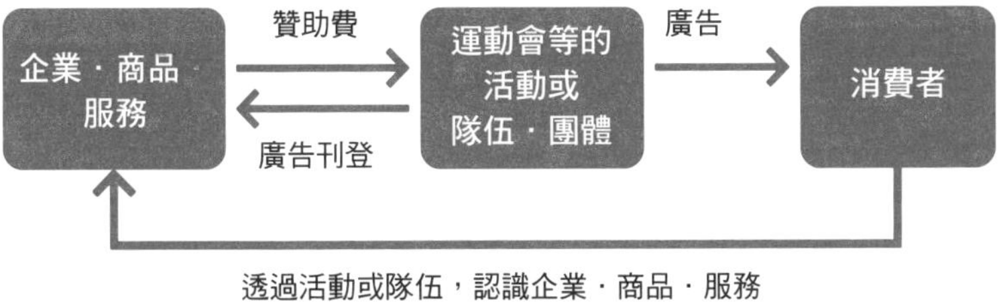
贊助費
企業・商品・服務
運動會等的活動或隊伍・團體
廣告
消費者
廣告刊登
透過活動或隊伍，認識企業・商品・服務

主要的贊助模式

贊助運動類團體

成為運動隊伍的贊助商，提升品牌價值。

職棒隊、F1賽車隊、職業足球隊、排球隊等。

贊助藝術類團體

成為交響樂團等的贊助商，提升品牌價值。

交響樂團、合唱團、各種傳統藝能團體、劇團、舞團等。

體育類活動

成為運動會的贊助商，提升品牌價值。

棒球・足球等各種國際性球賽、高中生棒球全國大賽等。

藝術類活動

成為影展等的贊助商，提升品牌價值。

影展、詩詞比賽、音樂比賽、舞蹈比賽、藝術季等。

column

能夠創造品牌的人與無法創造品牌的人，彼此差異何在？

品牌敏感度因人而異。有些人就算從事的工作與品牌無關，也能憑著敏銳的感應度，掌握品牌的價值與特色；也有些人明明身為企業的行銷負責人，必須對品牌瞭若指掌，但卻是完全掌握不到個中本質。

兩者的差異，就在於他們是否為了讓日常生活充滿個人色彩，而提高對商品或服務的敏銳度，或是費心挑選商品。

例如，「衣服只要合身，穿什麼都無所謂」、「只要功能齊全，並不講究款式造型」、「決定購買與否的關鍵，多半在於價格」、「對自己的穿著打扮毫不在意」、「本來就不愛逛街購物」等，你是否有這些傾向？就某種意義而言，這些傾向可謂毫不做作的人生態度，不過也能視為放棄讓生活充滿個人色彩的「堅持」。

能夠創造新品牌的人，不消說，就是對於個人色彩的「堅持」，十分重視的人。

第7章

網路行銷的基礎知識

7-01 即使是網路時代，創造性同樣重要

行銷的基礎不變

務必先行了解的網路行銷指標

自從網路普及後，活用網路搜尋或雙向互動，使得行銷活動也跟著大幅進化。有關搜尋引擎行銷（search engine marketing）及代言人行銷（ambassador marketing）等網路時代不可或缺的行銷理論，將詳述於後，在此先談談網路行銷的必備基礎知識。

網路行銷得以自家網站為核心，實施各種策略。顯示自家網站瀏覽人次的「網頁點閱數」，就是網路行銷的重要指標。不過，**並非只要網頁點閱數增加，就一切無虞。**如果能有效活用一些指標，例如，以顧客瀏覽次數或商品購買率等為中期目標加以設定的「KPI」，或是擬定銷售額等最終目標的「KGI」，將可發揮網路行銷的力量。

最後，**再以這些指標為基礎，設定所有行銷操作的共通目的——「開創顧客和市場」**。

網路行銷的概要

運用網路的行銷活動問世！

●用於網路行銷的主要基本用語

PV	網頁點閱數（page view），就是網站瀏覽人次。即使是相同用戶，每次點閱都以一個點閱數計算。
UU	獨立用戶（unique user），就是瀏覽網站用戶數。這個數值與網站瀏覽人次的PV並不相同，請留意。
節區數	用戶造訪次數（session）。在固定期間內無論點閱幾次，都以一次計算。
CV	轉換（conversion），意指網站瀏覽者最後成為買家。
CVR	轉換率（conversion rate），轉換數除以獨立用戶數或節區數的數值。
KPI	關鍵績效指標（key performance indicators）。為了達成目標，具體呈現作業流程完成度的數值，為掌握進度的指標。
KGI	關鍵成果指標（key goal indicators），就是對最終目標的完成率。這項數值與作業流程完成率的KPI並不相同，務必留意。
SNS	社群網站（social networking service）。交流互動的網站，例如臉書或推特等都十分知名。

7-02 傳遞感動消費者的資訊吧

原則採用搏來客行銷

推播式行銷有時也會惹惱消費者

以大眾媒體廣告或直接行銷為主的時代，多半由企業一廂情願地向消費者傳遞資訊。這類亂槍打鳥，沒有為個人設想的操作方式，稱為「推播式行銷」（outbound marketing）。

現今是除了電腦，還能以智慧型手機或平板電腦快速搜尋資訊的時代。由於消費者能搜尋自己需要的資訊，就算以推播行銷的方式，片面將資訊傳遞給消費者，他們也未必確實瀏覽，因此想藉此連結購買行為，其實困難重重。強迫中獎式的推廣，有時也會令消費者感到厭煩。

相對於此，**網路時代的消費者往往主動掌握資訊，因此只要傳遞資訊的方式無誤，就可以和消費者建立理想的關係**。讓消費者自主搜尋資訊，進而建構良好關係的行銷方式，稱為「搏來客行銷」（inbound marketing）。

搏來客行銷

推播式行銷

企業一廂情願地向消費者傳遞資訊

搏來客行銷

消費者主動搜尋資訊

搏來客行銷的基本流程範例

企業架設網站，刊登預定銷售的商品或服務資訊。

→ 建構容易讓渴望資訊的消費者發現的環境。

→ 消費者利用搜尋引擎等尋找想要的商品、查詢相關資訊。

↓ 消費者發現企業網站，仔細研究目標商品．服務的資訊。

← 為了吸引瀏覽自家網站的消費者，企業安排各種互動交流。

← 對資訊感到滿意的消費者，決定購買商品。

為了讓消費者自發性地購買商品，企業往往會運用社群網站或各種網路服務，與消費者互動交流。隨著信賴度與日俱增，最終讓消費者成為推廣自家商品．服務的代言人。

7-03 讓消費者找到商品吧

活用SEO或SMO

賣弄小聰明的技巧根本行不通

針對利用搜尋引擎查詢資訊的人，設法吸引他們前來造訪自家網站，稱為「搜尋引擎行銷」。掌握個中關鍵的技術，就是在谷歌（Google）等搜尋引擎中，讓搜尋排名往前的「搜尋引擎優化」（search engine optimization，SEO）。在搜尋引擎中的搜尋排名，過去是取決於關鍵字的出現率和連結數，但近來由於搜尋演算的進化，以往的SEO已不再適用。換句話說，現在需要的策略，並非賣弄小聰明地操控搜尋排名，而是回歸原點，設法提高網站內容的價值，藉此獲得搜尋引擎的高度評價。**提供消費者真正需要的資訊，十分重要**。

此外，提高自家網站於部落格或社群網站等社交媒體中的知名度或評價，誘使消費者前來造訪的「社交網路優化」（social media optimization，SMO），也是值得活用的手法，藉此讓消費者更容易發現自家公司的資訊，一樣非常重要。

搜尋引擎行銷

搜尋引擎行銷

運用SEO，讓自家網站容易被發現，進而提升銷售額的手法。搭配SMO等進行操作的話，績效更見提升。

SEO和SMO的定義

SEO（search engine optimization）
＝搜尋引擎優化

SMO（social media optimization）
＝社交網路優化

SEO運作模式

架設商品網站
SEO
搜尋引擎
優化
被消費者發現
!

近年來，不能光憑SEO，必須讓自家網站的內容，含有消費者真正想要查詢的資訊。只考慮自家公司方便的網站，無法把消費者轉換成買家。

SMO運作模式

於社群網站中建立商品網頁
SNS
SMO
社交網路
優化
獲得消費者好評

於臉書等社群網站中建立商品網頁，提供適切的資訊內容。消費者透過社群網站得知商品、熟悉商品，進而使商品獲得好評。

7-04 讓顧客代為推廣商品的架構

人傳人的病毒式行銷

避免變成收買造假，務必留意

讓多數人代為介紹自家商品或服務的促銷手法，稱為「病毒式行銷」（viral marketing）。從網際網路萌芽期便開始提供免費電子郵件服務，因此博得人氣的「Hotmail」，曾在說明他們如何獲取大量用戶的場合中，頭一次引用了「病毒式行銷」一詞。

Hotmail的病毒式行銷架構，就是於用戶寄出的電子郵件下方，自動附加一句話：「PS. 註冊Hotmail，免費申請電子郵件帳號吧。」換句話說，Hotmail出其不意地透過用戶，替自家公司的服務大打廣告。病毒就是病原體，為了形容以人為媒介推廣商品或服務資訊的現象，所以命名為「病毒式行銷」。有時這種行銷方式，也會採取提供好處或報酬給商品介紹人的手法，不過，**建立一種架構，讓確實喜愛商品的人自願推薦，而非收買造假，是非常重要的事。**

病毒式行銷

促銷性質強烈的行銷方式

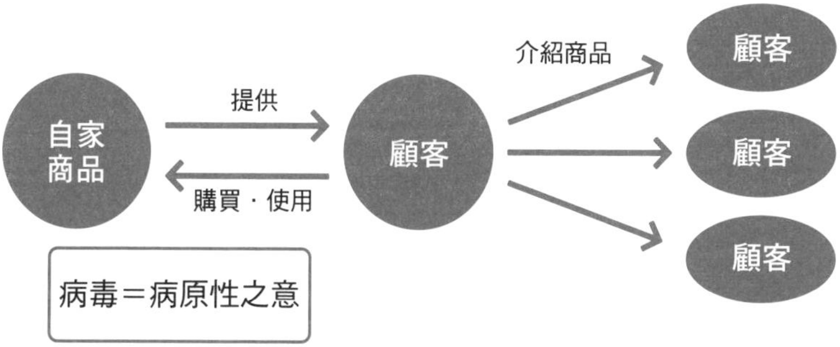
自家商品
提供
購買・使用
顧客
介紹商品
顧客
顧客
顧客
病毒＝病原性之意

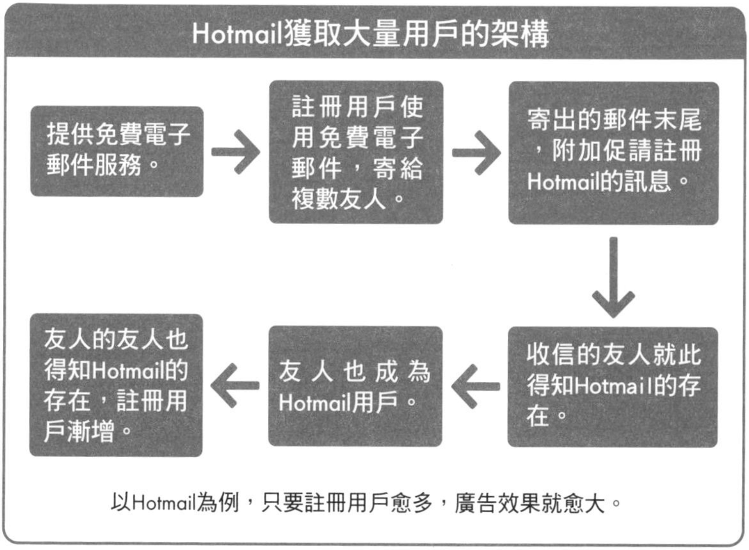
Hotmail獲取大量用戶的架構
提供免費電子郵件服務。
註冊用戶使用免費電子郵件，寄給複數友人。
寄出的郵件末尾，附加促請註冊Hotmail的訊息。
收信的友人就此得知Hotmail的存在。
友人也成為Hotmail用戶。
友人的友人也得知Hotmail的存在，註冊用戶漸增。
以Hotmail為例，只要註冊用戶愈多，廣告效果就愈大。

7-05 有助於口碑策略的五個神話

蜂鳴行銷的注意事項

以特色鮮明的商品獲取最佳顧客

有個類似病毒式行銷的概念，就是以人為方式塑造口碑，把商品的魅力傳達給多數消費者的手法，稱為「蜂鳴行銷」（buzz marketing）。蜂鳴行銷的提倡者芮妮・戴彙整出「口碑的五大神話」，列舉口碑的操作機制與注意重點如下：

①唯有特色鮮明的商品具有口碑價值，或是透過口耳相傳的效果較佳。
②為了塑造口碑，必須有計畫性地安排運作，例如利用知名人士。
③最佳顧客就是最好口碑傳播者。
④為了讓口碑連結獲利，必須具備先發優勢。
⑤為了創造口碑，必須推出廣告。不過，要是廣告太早出現，或是廣告量過大，將適得其反。

製造優質商品，獲取最佳顧客，就是擴大口碑的捷徑。

蜂鳴行銷

以人為方式塑造口碑，藉此傳達商品魅力的手法

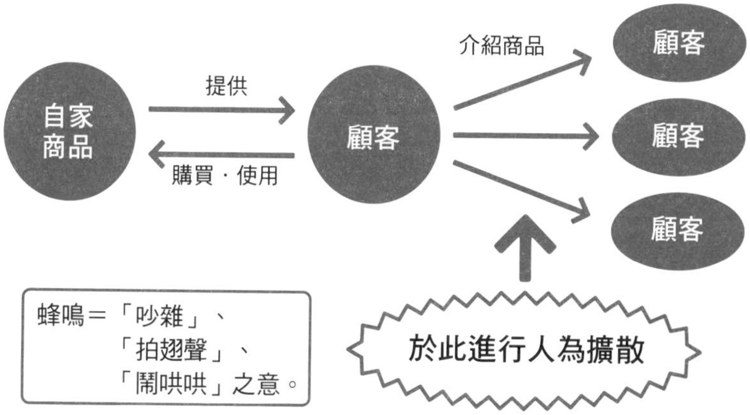
自家商品
提供
購買・使用
顧客
介紹商品
顧客
顧客
顧客
蜂鳴＝「吵雜」、
「拍翅聲」、
「鬧哄哄」之意。
於此進行人為擴散

●芮妮・戴提倡的口碑五大神話

神話一	唯有特色鮮明的商品具有口碑價值，或是透過口耳相傳的效果較佳。
神話二	為了塑造口碑，必須有計畫性地安排運作，例如利用知名人士。
神話三	最佳顧客就是最好口碑傳播者。
神話四	為了讓口碑連結獲利，必須具備先發優勢。
神話五	為了創造口碑，必須推出廣告。不過，要是廣告太早出現，或是廣告量過大，將適得其反。

7-06

出自內心的推薦才能感動多人

由熱情粉絲出面的代言人行銷

缺乏誠意的推薦，將被消費者識破

獲取熱情粉絲，於社交媒體等透過口耳相傳，將資訊傳遞給廣大消費者的手法，稱為「代言人行銷」。而所謂的「熱情粉絲」，正是這種手法與病毒式行銷、蜂鳴行銷的區隔重點。

負責代言人行銷的熱情粉絲，是由具有大使含意的代言人，以及具有支持者含意的辯護人構成。**如果是基於好處或報酬的誘惑，或是一時被商品魅力吸引而加以推薦，個中的熱度與熱情粉絲截然不同，這種口耳相傳的擴散效果，根本不值得期待。**畢竟網路已盛行多年，消費者的目光也日益犀利，得以辨識「是否屬於真情推薦」。

代言人或辯護人，未必非得是名人不可。在社群網站中擁有的朋友，或關注人數超過一百位的一般消費者比比皆是，因此透過以一傳百，再以百傳百的連鎖效應，也能帶來莫大的效果。

代言人行銷

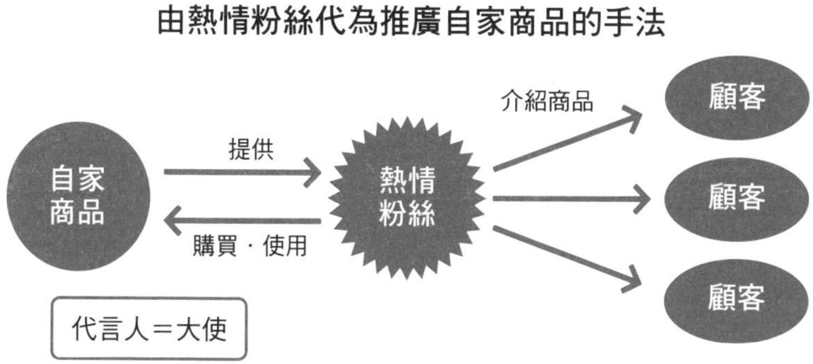
由熱情粉絲代為推廣自家商品的手法
自家商品
提供
購買・使用
熱情粉絲
介紹商品
顧客
顧客
顧客
代言人＝大使

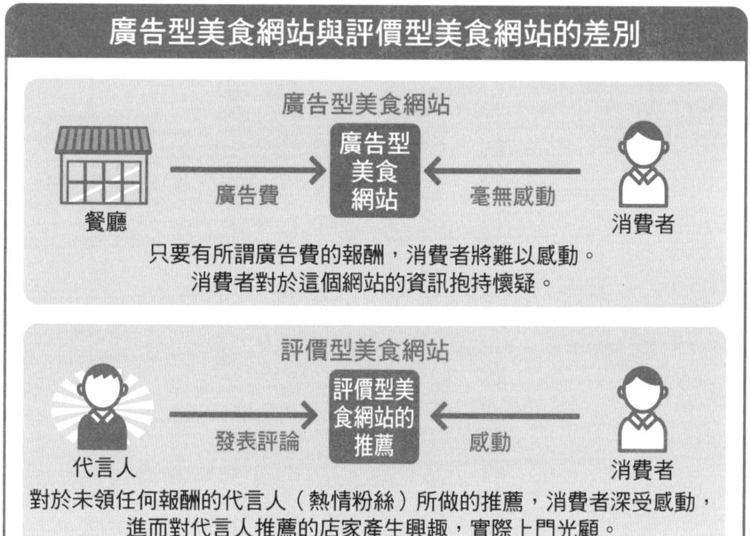
廣告型美食網站與評價型美食網站的差別
廣告型美食網站
餐廳
廣告費
廣告型美食網站
毫無感動
消費者
只要有所謂廣告費的報酬，消費者將難以感動。
消費者對於這個網站的資訊抱持懷疑。
評價型美食網站
代言人
發表評論
評價型美食網站的推薦
感動
消費者
對於未領任何報酬的代言人（熱情粉絲）所做的推薦，消費者深受感動，
進而對代言人推薦的店家產生興趣，實際上門光顧。

7-07 網羅值得仰賴的代言人

代言人建議型社團的優點

▼代言人會由各種層面為企業貢獻業績

代言人並不只是憑口碑推銷商品，他們還會由各種層面協助企業。例如，**聽取代言人的意見，協助業務改善的「代言人建議型社團」，近年來在行銷上發揮極大的功效**。那麼該怎麼做，才能增加值得仰賴的代言人呢？

網羅新代言人的方法之一，就是詢問顧客：「是否願意把這項商品推薦給親朋好友？」然後針對有意願的顧客做進一步的接觸。另外，也能定期監控社交媒體，從貼文留言當中發掘可成為代言人的人材，有些人甚至已把自家商品上傳影音網站加以介紹，這些人也極有希望吸收成為代言人。

除此之外，透過商品試用等方式，實際邀請顧客參加企業活動，或是由企業主動強打在網路社會中具有龐大影響力的代言人，這些都是培養代言人的有效手段。

網羅代言人的方法

代言人發掘法

問卷調查

於網路中尋找

尋找已付諸行動的人

發掘於問卷調查中答覆願意向他人推薦自家商品的人、已於網路上推薦自家商品的人、已經把自家商品的介紹影片上傳影音網站等實際付諸行動的人。

針對各類用戶的因應方式

開始產生興趣的用戶

凡是對商品產生興趣，並實際購買的用戶，可製造邀請他們參加企業活動的機會。

一般代言人

拜託已經成為代言人的用戶，擔任一般用戶的指導者或評鑑者。

核心代言人

於自家網站介紹具有高度號召力的代言人，讓他們備感光榮自豪。

代言人建議型社團

**由企業主導，
成立集結代言人的社團**

透過有多位代言人參加的社團，廣納意見或資訊。最後把這項行銷活動的結果活用於自家商品或服務的開發．改善，藉此提升業績。

重新贏得顧客之心的星巴克案例

在實際的企業經營中，由顧客代為推薦，或是邀請顧客共同參與事業的做法，成功案例屢見不鮮。在此為各位介紹星巴克的案例。

目前星巴克的事業，已擴及全球六十國以上，總計店鋪數高達兩萬家左右。不過，大約自二〇〇七年起，由於相繼出現景氣衰退及市場飽和的現象，業績陷入低迷。可謂星巴克中興之祖的霍華・D・舒茲（Howard D. Schultz）得知事態如此，於是回鍋擔任事業執行長。除了執行關閉分店和裁員的因應對策，**還成立了以「找回顧客之心」為訴求的線上社團「My Starbucks Idea」**。這個網站具有以下三種機能：

①GOT AN IDEA？……消費者可於網站中提出自身想法。

②VIEW IDEAS……可瀏覽其他消費者的想法，並針對自己認為不錯的想法進行投票。

③IDEAS IN ACTION……可點閱實際得到採用的想法。

這個網站推出後的兩個月內，總共湧入四萬筆以上的想法，同時實施了回應這些想法的活動。舉例而言，針對「希望經常光顧能得到回饋」的意見，星巴克於全美推出憑發票得以兩塊美金續杯的促銷活動「TREAT RECEIPT」，結果成功改善下午業績不佳的問題。在這個案例中，值得向星巴克學習的重點，可歸納如左圖。

星巴克的案例重點

①並非只聽取顧客意見，而是邀請他們實際參與。

②實際和顧客對話，採納出色的意見。

③並非改良．改善商品，而是重新審視與顧客的關係。

④不顧業績低迷，依然推出「My Starbucks Idea」。

⑤利用「My Starbucks Idea」的機能，讓顧客共同參與。

↓

上述措施奏效，
不僅無損品牌價值，
而且還成功重回成長軌道。

＜代表實例＞
於全美推出憑發票得以兩塊美金續杯的促銷活動「TREAT RECEIPT」。

↓

除此之外……
「My Starbucks Idea」告捷後，
著手投入數位媒體及社交媒體的經營。

**目前臉書中的粉絲人數，
已高達三千萬人以上！**

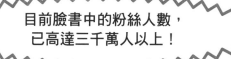

7-08

也有違法的行銷手法

不宜採用的祕密行銷

國外已明訂違法的行銷手法

由發自內心支持的人代為推廣商品或服務，將帶來莫大的效果，不過想要網羅代言人或辯護人，並非容易之事。話雖如此，企業也不能就此產生膚淺的念頭，打算操控或冒充消費者，進行商品或服務的廣告。曾有企業提供報酬或好處給知名藝人，讓對方把商品文宣偽裝成自己平常的部落格貼文發布，而這類的案例，已成為社會問題。這種行為稱作「祕密行銷」（stealth marketing），「stealth」一字，即具有「隱匿」、「偷偷摸摸」的含意。

英國與美國已明文規定這種手法涉及違法，**日本的消費者保護會也發布了相關案例的注意事項，同時提醒大家如此恐怕違反贈品標示法**（日本法律，規範不當標示與誇張的贈品，以確保公平競爭，同時保護消費者擁有客觀選擇商品的環境）。想當然爾，行銷操作也得遵守倫理道德。

當心祕密行銷！

stealth＝「隱匿」、「偷偷摸摸」

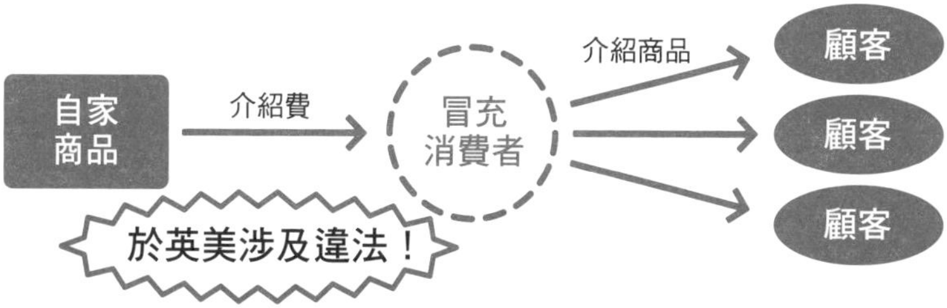

●主要的祕密行銷模式

行銷公司到評價網站留言

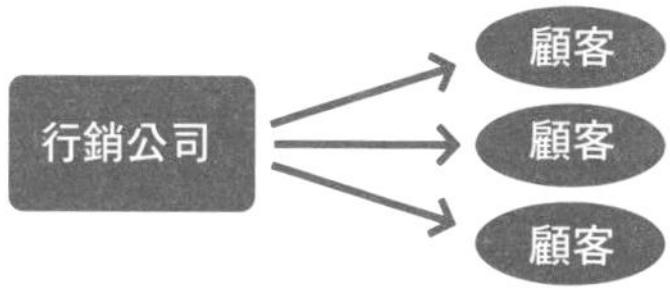

常見於美食網站
和購物網站等的手法。

購物商場類服務業者

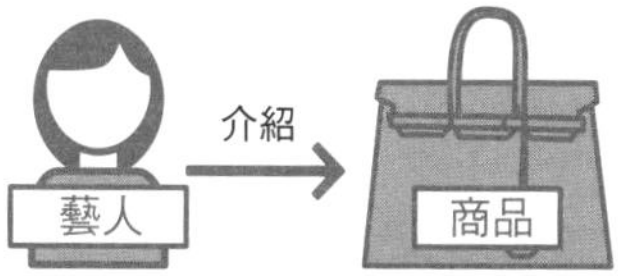

藝人假裝自己是
購物商場粉絲。

冒充消費者惡意誹謗競爭企業

惡意誹謗競爭企業，
讓自家公司從中獲利的手法。

針對實際上
根本沒買過也沒用過的商品，
介紹得宛如真正使用過，
正是祕密行銷的
最大特徵之一。

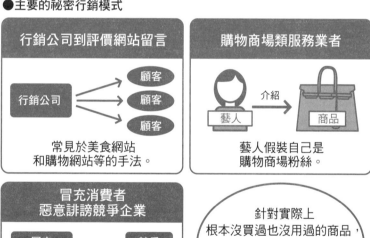

7-09 活用聯盟行銷吧！

對於業主和推廣者都有好處

▼容易掌握廣告成本效益比

網路上充斥著各式各樣的廣告，不過有種廣告前所未見，而且組成架構十分劃時代，那就是「聯盟行銷廣告」（affiliate marketing）。架構內容就是業主將廣告刊登於企業或個人網站中，當消費者點閱這則廣告，或是連結到廣告後端的網站購買商品，業主便支付手續費給刊登廣告的企業或個人。

推薦商品的人並非業主本身，而是刊登廣告的企業或個人，正是這類廣告的特色所在。其中屬於個人的推薦者，一般稱為「推廣者」（affiliatr），當他們在個人網站或部落格中積極介紹商品後，竟然出現以往的廣告從未有過的現象，那就是推薦低價值商品的推廣者，往往成果不彰，而創造絕佳廣告效益的人，似乎多半是具備採購品味的推廣者。**聯盟行銷廣告與以往一旦刊登就得支付費用的廣告不同，得以等到實際出現成效再付出報酬，因此對企業主而言，具有廣告成本效益比較明確**的優點。

聯盟行銷廣告

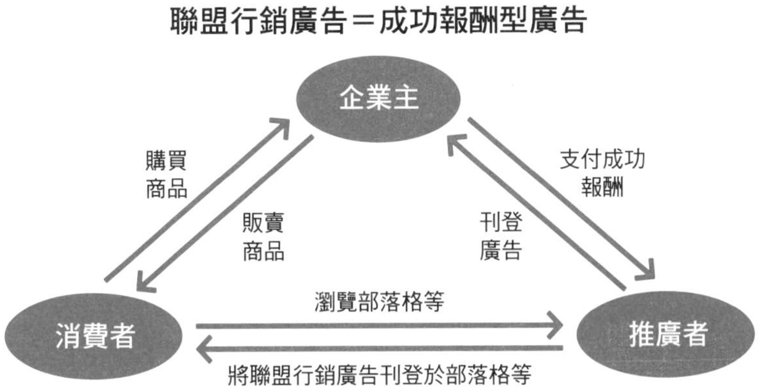
聯盟行銷廣告＝成功報酬型廣告
企業主
購買
商品
販賣
商品
支付成功
報酬
刊登
廣告
消費者
推廣者
瀏覽部落格等
將聯盟行銷廣告刊登於部落格等

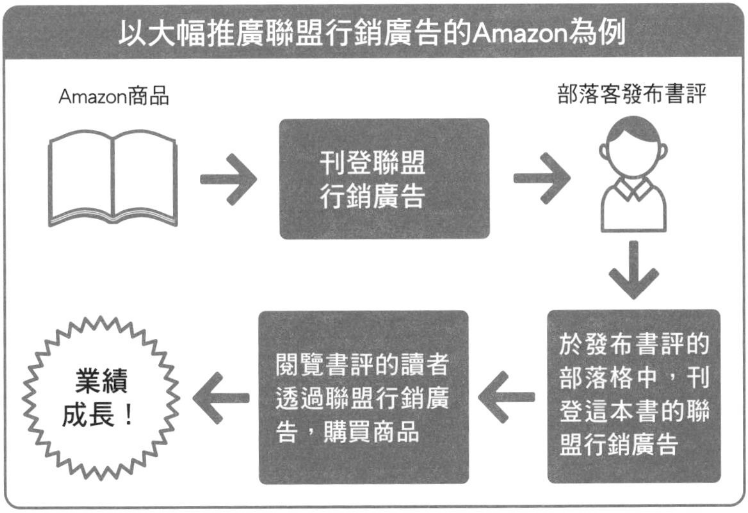
以大幅推廣聯盟行銷廣告的Amazon為例
Amazon商品
刊登聯盟
行銷廣告
部落客發布書評
於發布書評的
部落格中，刊
登這本書的聯
盟行銷廣告
閱覽書評的讀者
透過聯盟行銷廣
告，購買商品
業績
成長！

7-10 限時限量銷售

誘發焦慮感的閃購行銷

倒數時間和庫存為重點所在

網路的特色之一，就是即時性，有一種活用這種特色，於短時間・短期間內販賣商品或服務的行銷手法，稱為「閃購行銷」（flash sales marketing）。這種手法的架構，就是在既定時間內，如果訂單量達到賣家備量則成交，萬一未達備量，則交易失敗。由於銷售時間短如閃光燈一般，因此取名為「閃購行銷」，不過實際上的銷售，似乎多以二十四到四十八小時為限。

銷售期間，距離截止的剩餘時間，將詳細顯示於介紹商品的畫面中。眼看著剩餘時間持續倒數，買家下單量逐漸增加，消費者的購買欲將大受刺激。例如，電視購物，有些時段的節目會在推銷商品的畫面一角顯示商品庫存，**隨著時間的流逝，庫存量逐漸遞減，藉此誘發觀眾的焦慮感**，其實這種操作機制和閃購行銷可謂如出一轍。

閃購行銷操作流程

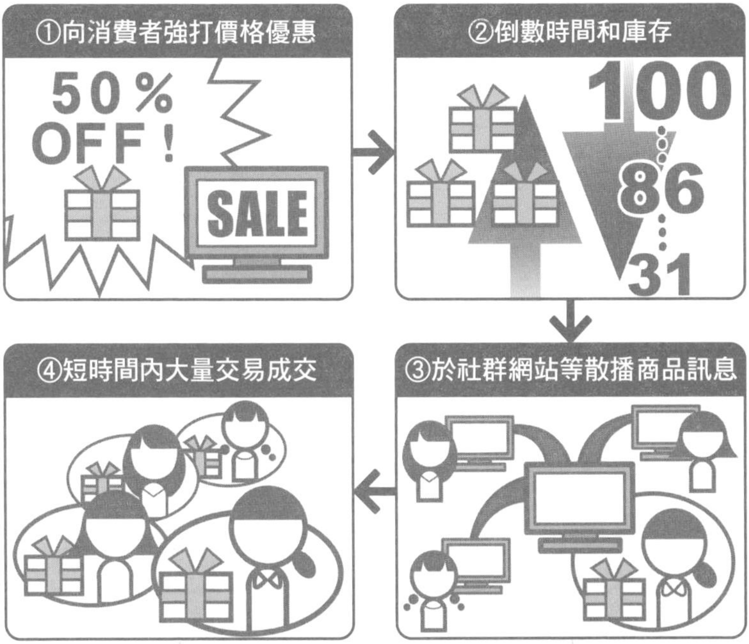
①向消費者強打價格優惠
50%
OFF！
SALE
②倒數時間和庫存
100
86
31
③於社群網站等散播商品訊息
④短時間內大量交易成交

切勿只想運用誘發焦慮感的手段，也要保有以商品力一較高下的心態。

行銷操作順利的話，顧客會主動幫忙宣傳。

限制時間和庫存，誘發焦慮感，
正是閃購行銷的基本！

限制時間和庫存 ＋ 誘發消費者的焦慮感 ＝ 閃購行銷

▼閃購行銷的低價操作機制

實施閃購行銷時，常藉由令人震撼的價格設定，發揮強大的集客效果。**低價操作的機制為集結買家，藉此大量販售，進而得以降低成本或出清庫存。此外，有時也會基於行銷活動的需要，以調查潛在顧客、收集顧客資料等為實施目的。**

現今經營閃購行銷的主流業者，大致可分類如下：

①專賣團購優惠券的業者。
②購物商場型的業者。

①為販賣單日有效的優惠券給顧客，票券內容為商品的超低折扣價。例如「A餐廳〇月×日套餐半價優惠券」備量五十張，顧客須於四十八小時的時限內完成下單動作。販賣優惠券的業者只是出售可用於餐廳的優惠券，因此就算無法成交，也沒有太大的風險。此外，就餐廳而言，這種行銷手法的好處是針對生意清淡的日子，可根據優惠券的銷量預估來客數，因此餐廳營運得以維持穩定，同時食材也因為大量採購，而成功壓縮成本。

至於②的業者，則是把自家公司採購的商品，或是合作零售商的商品，以會員限定特惠價出售，有些業者甚至會實施「每日一物」這類極端式的行銷策略。

低價操作機制

●現今經營閃購行銷的主流業者

專賣團購優惠券的業者

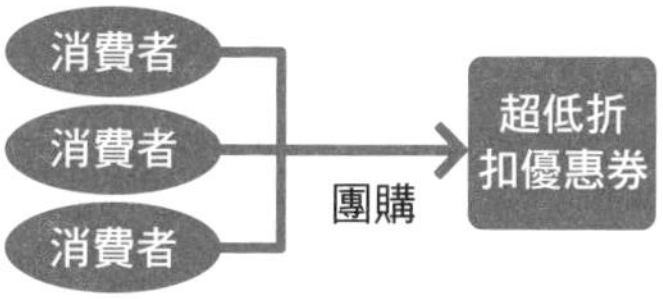

發行超低折扣優惠券，只要設定備貨量和限定時間，便能誘發焦慮感。

購物商場型的業者

利用單日限定或會員限定等，針對期間或對象加以限定的折扣銷售，誘發焦慮感。

藉由大量採購，實現低價販賣

稍微高估商品成交量，並以此備貨 → 實施閃購行銷 → 達到預估成交量 → 成本因大量銷售而降低 → 商品以低於平時的價格賣給顧客 → 業績成長！

以符合預算的數值，設定預估成交量，當優惠券確實賣出時，便能零風險地採購．販賣商品。對企業而言，這是庫存風險低，同時銷售績效極佳的行銷手法。

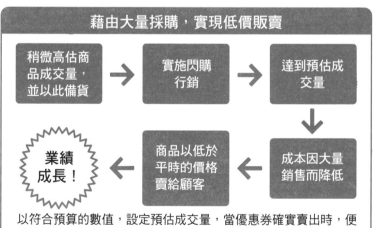

7-11 留意網路特有的風險

隨著社群網站的蓬勃發展，風險相形顯著

因應失當將導致風波延燒

提到網路行銷，也得留意網路社會特有的風險。尤其**隨著社群網站的蓬勃發展，以下風險漸漸變得顯而易見：**

①針對收買造假加以批評及瘋傳的風險……說明於第二百三十二頁的祕密行銷中，最具有代表性的收買造假行為，往往慘遭廣大消費者批評。

②誤會或誤報的瘋傳風險……用戶錯誤的理解未經更正，直接在網路上瘋傳。

③罵個不停的批判者……網路社會中，有種凡事都想批判的「酸民」。此外，基於自我表現欲而盡挑雞毛蒜皮的小事予以痛批的例子也不少。

④潛伏公司內部的品牌破壞者……約聘或兼職人員將職務機密上傳社群網站，或是把惡搞影片上傳影音網站等案例層出不窮。

雖然有些風險如②或③一般，責任不在企業端，不過要是因應失當，最後常導致風波「延燒」，因此務必當心留意。

網路社會特有的企業風險

針對網路社會的風險，
要是因應失當，也可能導致風波延燒！

①針對收買造假加以批評及瘋傳的風險

針對收買造假提出
嚴厲指責！

②誤會或誤報的瘋傳風險

用戶的錯誤知識
在網路上瘋傳！

③罵個不停的批判者

連雞毛蒜皮的
小事也予以痛批！

④潛伏公司內部的品牌破壞者

機密曝光或
發現存心惡搞！

何謂「延燒」？	何謂「酸民」？
遭受批評或誹謗中傷的程度，超越網路管理者的想像。	恣意破壞網路環境的人。於意見欄留下令閱覽者不悅的內容。

針對酸民的因應如果失當，
或把批評的意見視同「無理取鬧」，
極可能導致風波延燒。

滋露巧克力防堵謠言中傷的案例

為了預防風波延燒，企業應該如何因應處理？旗下產品「滋露巧克力」相當知名的松尾製菓就曾發生過這類案例，當中有許多重點值得學習。

二〇一三年六月十一日下午一點左右，推特上出現一篇貼文，宣稱滋露巧克力內有毛毛蟲，同時上傳照片。結果這篇貼文瞬間於網路瘋傳，轉貼次數突破一萬次。松尾製菓根據商品的最後一次出貨日和毛毛蟲的形狀，推測毛毛蟲跑進巧克力中的時期，應該在購買商品之後，於是他們立刻在推特中發布貼文，委婉說明研判結果。同時，他們還引用其他機構網站曾經刊登的報導內容：「有蟲混入的情形多半發生於購買之後。」松尾製菓迅速冷靜的危機處理，讓這篇澄清反駁的貼文也被轉貼一萬次左右，事態因而快速平息。

如果以行銷的觀點分析上述的因應方式，可看出幾個重點。首先，推特出現問題貼文後三十分鐘，松尾製菓副社長便得到通報，他隨即徵詢專家意見，**並在事發三小時後於推特發布官方說法，因應十分迅速**。此外，**他們正確地傳達事件原委，並未感情用事，透過顧及消費者感受的貼文，展現企業真誠的態度，而且還附上其他機構的資訊，藉此強調自家說法的客觀性**，這些都是值得我們學習的重點。松尾製菓的案例，也能套用第四十八頁提到的ＡＩＳＡＳ，做出如左圖的分析。

符合AISAS模式的
松尾製菓危機處理

Attention 吸引目光

滋露巧克力內有毛毛蟲的貼文和圖片被發布於推特之中！

引起眾人關注

Interest 興趣・關注

看見圖片得知滋露巧克力內有毛毛蟲的推特用戶，相繼轉貼超過一萬次！

基於興趣・關注，貼文和圖片瞬間瘋傳！

Search 搜尋

推特中的搜尋關鍵字，出現「毛毛蟲」！

恐怕有更多用戶搜尋這則貼文！

Action 因應

松尾製菓立即通報副社長，並徵詢專家意見！於推特發布官方說法！

以冷靜迅速的因應處理，設法平息風波！

Share 資訊分享

根據客觀性的資訊進行發布的貼文，轉貼次數高達約一萬次！還被轉載到部落格和統整網站！

透過正確資訊的分享，風波瞬間平息！

檢視！

Action原本代表「購買」，
但套用於危機處理時，則變成「因應」。

7-12 嘗試串聯網路與實體

急速發展的O2O行銷

▼讓搜尋行為成為光顧實體店面的誘導手段

網路行銷並非僅止於網際網路。舉例而言，有種名為「O2O行銷」的概念，操作方式為實體店面與連結網路的線上環境攜手合作，共同刺激消費者的購買行為。O2O為online to offline的縮寫，例如，利用手機應用程式等進行線上（網路上）集客，然後誘導消費者光顧離線的實體店面，就屬於這種行銷架構。主要靠桌上型個人電腦上網的時代，也存在過O2O行銷，不過**近年來隨著行動上網環境的顯著發展，行銷手法也快速地進化演變**。

就具體架構來說，例如消費者走在陌生的街道上，當他利用智慧型手機或平板電腦查詢地圖時，全球定位系統（GPS）將偵測他的所在位置資訊，進而把方圓五十公尺內的商家可用的優惠券等，顯示於他的手機上。

由網路誘導前往實體店面的O2O行銷特色

只要有連結網路的線上環境，
便能誘導前往離線的實體店面。

進行線上查詢

發現實體店面的優惠資訊！

由線上環境轉往離線環境

由於行動上網環境的顯著發展，O2O行銷也隨之盛行！

活用智慧型手機的O2O行銷案例

消費者於外出地點查詢地圖時，透過全球定位系統取得他的所在位置資訊，然後列出附近商家折扣券的服務。

下班返家途中，臨時決定與友人小酌時，可查詢居酒屋是否還有空位，並能直接預約的服務。

只要光顧實體店面，便能用手機下載獨家優惠影片的活動。

把專用應用程式存在手機中，一旦前往指定地點，便能玩猜謎的活動。

▼將O2O的概念全面擴大的「全通路」

在現今的網路行銷中，將O2O的概念全面擴大的「全通路」十分重要。全通路不僅讓線上搜尋行為等成為光顧實體店面的誘導，**它更是經由在線與離線的所有銜接點，和顧客建構關係的一種手段**。具體來說，把實體店面、型錄、大眾媒體、電話客服中心等既有通路，加上網路虛擬商店、企業網站、社群網站等網路時代的通路，然後相互搭配運用，就是全通路的架構。

舉例而言，7&I控股旗下擁有許多集團企業，但他們建構出一種體制，讓集團整體能掌握顧客資料或消費紀錄，藉此提供顧客最適當的資訊。基於這種體制，顧客於集團旗下企業和商家的付款方式也一律統一，在7 net shopping下單購買的商品，甚至可在7-ELEVEN付款提領。

其實，家電量販店目前常遇到消費者於店面確認商品後，便上網搜尋售價最便宜的網站，然後下單購買的情形，換句話說，就是面臨實體店面「商品展示中心化」的問題。不過，7&I控股仍然計畫透過全通路的活用，力求提升消費者的方便性，創造不靠低價取勝的價值。全通路中暗藏著讓離線和在線的所有市場產生劇變的可能性。

全通路運作模式

串聯各種通路，和消費者產生全面性的連結

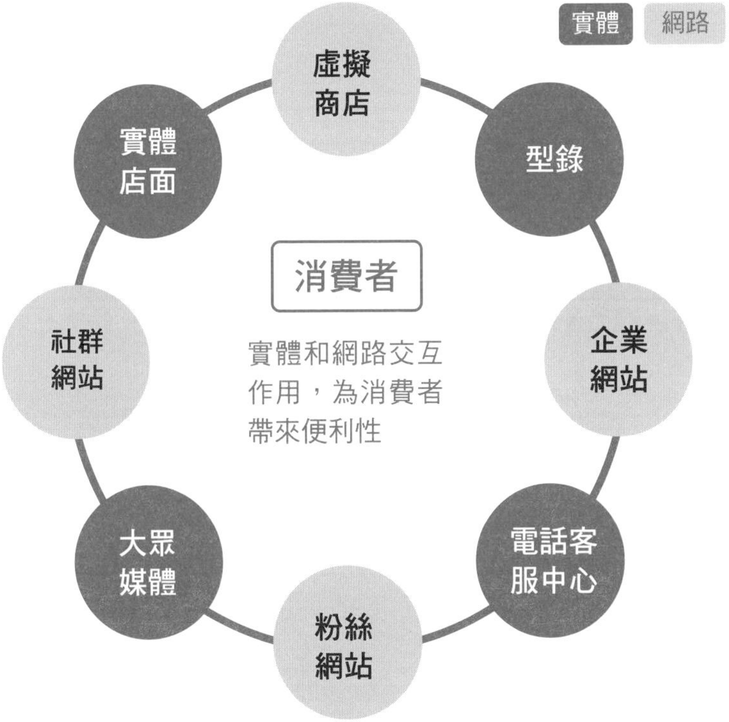
實體
網路
虛擬商店
型錄
企業網站
電話客服中心
粉絲網站
大眾媒體
社群網站
實體店面
消費者
實體和網路交互作用，為消費者帶來便利性

以7&I控股為例

一邊在家休息，一邊於7 net shopping訂購商品 → 付款與提貨都在住家附近的7-ELEVEN解決

column

行銷4.0和馬斯洛的需求層次理論

美國心理學家亞伯拉罕·哈羅德·馬斯洛（Abraham Harold Maslow），把人類需求區分為五個階段，依序為「生理需求」、「安全需求」、「社會需求」、「尊重需求」、「自我實現需求」。當飲食與睡眠等維持生命不可或缺的生理需求被滿足後，就會產生渴望生活健康、安心的安全需求，隨即再轉為於社會上尋求自身棲身之處的社會需求。

人類成長的過程，往往如上所述，以實現更高層次的需求為目標。這個需求層次理論，也對行銷的市場區隔帶來莫大的影響。

近年，科特勒發表了行銷4.0的概念，主張今後的行銷規劃，必須深及「自我實現需求」。熱衷到社群網站或影音上傳網站展現自我的人數已日益增加，由此不難理解，因應消費者全新價值觀的行銷操作，已變成勢在必行。

不只是企業活動而已，為了讓社會整體變得更加美好，行銷概念因此存在。基於此故，行銷的新觀點，正是「自我實現」。

結語

在資訊搜尋社會中掌握消費者內心的行銷策略

只存在電視、收音機、報紙、雜誌等大眾媒體的時代，資訊往往由大眾媒體一相情願地傳達給消費者，屬於單向溝通，而且訴求大量銷售的行銷概念才是主流。

這個時期，如果打算於超市或量販店等採用自助銷售的通路販賣商品，必須對消費者提高商品的知名度與辨識度，因此大規模的廣告不可或缺。此外，由於得在為數不少的實體通路進行銷售，企業必須有足夠能耐，因此這個時代對大企業相對有利。

然而，自從網路崛起，臉書、YouTube、推特等具代表性的社群網站問世，不只是企業或大眾媒體，連消費者也能發布訊息，雙向溝通變成理所當然，以網路購物為代表的新通路、推廣手段，還有以網路為思考前提的行銷手法相繼誕生。

消費者不再只是接收媒體傳送的資訊，而是因應需要，主動發布訊息。甚至在這個需要資訊就自己動手查詢的資訊搜尋社會，只要是具有價值的企業或商品・服務，消費者都可以透過搜尋，主動發現。

此外，有了智慧型手機或平板電腦，消費者無論身在何處，都能收發訊息及進行交流。資訊環境變遷至此，意味著即使是小型企業，只要運用智慧，便能與大企業抗衡的社會已經成形，對於所有業種的商務人士而言，在資訊搜尋社會中掌握消費者內心的行銷策略，變得不可或缺。

行銷隨著時代的洪流不斷進化，可謂一項與時俱進的科學。在這個持續變化的社會裡，各種行銷理論或手法，有些具備普世價值，有些則隨著新興概念或理論的誕生，而遭到汰換。

我十分希望拿起本書翻閱的讀者，能參考先人開創的行銷理論或手法，並秉持前所未見的新觀點，成為一名推手，協助實踐以「價值」吸引世人的行銷活動。

我衷心期盼，在各位的努力下，由日本提出的全新行銷理論有問世的一天。

酒井光雄

國家圖書館出版品預行編目(CIP)資料

一看就懂！從圖解・事例學行銷/ Sherpa著；酒井光雄監修；簡琪婷譯. -- 初版. -- 臺北市：商周出版：家庭傳媒城邦分公司發行, 民107.08
256面；14.8×21公分. -- (ideaman；101)
譯自：図解&事例で学ぶマーケティングの教科書
ISBN 978-986-477-496-8(平裝)

1.行銷學

496 107009883

ideaman 101

一看就懂！從圖解・事例學行銷

原著書名／図解&事例で学ぶマーケティングの教科書
原出版社／株式会社マイナビ出版
監修／酒井光雄
作者／Sherpa
譯者／簡琪婷
企劃選書／何宜珍
責任編輯／劉枚瑛

版權部／黃淑敏、翁靜如、吳亭儀
行銷業務／張媖茜、黃崇華
總編輯／何宜珍
總經理／彭之琬
發行人／何飛鵬
法律顧問／元禾法律事務所　王子文律師
出版／商周出版
台北市104中山區民生東路二段141號9樓
電話：(02) 2500-7008　傳真：(02) 2500-7759
E-mail：bwp.service@cite.com.tw
Blog：http://bwp25007008.pixnet.net./blog
發行／英屬蓋曼群島商家庭傳媒股份有限公司城邦分公司
台北市104中山區民生東路二段141號2樓
書虫客服專線：(02)2500-7718、(02) 2500-7719
服務時間：週一至週五上午09:30-12:00；下午13:30-17:00
24小時傳真專線：(02) 2500-1990；(02) 2500-1991
劃撥帳號：19863813　戶名：書虫股份有限公司
讀者服務信箱：service@readingclub.com.tw
城邦讀書花園：www.cite.com.tw
香港發行所／城邦(香港)出版集團有限公司
香港灣仔駱克道193號超商業中心1樓
電話：(852) 25086231傳真：(852) 25789337
E-mailL：hkcite@biznetvigator.com
馬新發行所／城邦(馬新)出版集團【Cité (M) Sdn. Bhd】
41, Jalan Radin Anum, Bandar Baru Sri Petaling,
57000 Kuala Lumpur, Malaysia.
電話：(603)90578822　傳真：(603)90576622
E-mail：cite@cite.com.my

美術設計／簡至成
印刷／卡樂彩色製版印刷有限公司
經銷商／聯合發行股份有限公司
電話：(02)2917-8022　傳真：(02)2911-0053

■2018年（民107）8月7日初版
■2020年（民109）8月14日初版2刷
Printed in Taiwan
定價／350元

城邦讀書花園
www.cite.com.tw

ISBN 978-986-477-496-8

〈原書製作團隊〉
文字・圖表設計／玉造能之（DIGICAL）　編輯協力／平井源

Idea man